实面"霾"伏

——"雾霾"中的生活与健康

主　编　潘小川

副主编　白雪涛

编　委　（按姓氏笔画排序）

王　强　王一超　王旭英　□□付

亚库甫艾麦尔　　曲英莉　刘利群

张文丽　陈　娟　陈义勇　高　婷

董少霞　韩京秀　潘小川

绘　图

第三军医大学重庆新桥医院11M数字工作室

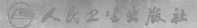

人民卫生出版社

图书在版编目(CIP)数据

实面"霾"伏:"雾霾"中的生活与健康/潘小川主编.
—北京:人民卫生出版社,2013.3
ISBN 978-7-117-17133-5

Ⅰ.①实… Ⅱ.①潘… Ⅲ.①空气污染-影响-健康-普及读物 Ⅳ.①X52-49②R161-49

中国版本图书馆 CIP 数据核字(2013)第 048529 号

人卫社官网	www.pmph.com	出版物查询,在线购书
人卫医学网	www.ipmph.com	医学考试辅导,医学数据库服务,医学教育资源,大众健康资讯

版权所有,侵权必究!

实面"霾"伏
——"雾霾"中的生活与健康

主　　编:潘小川
出版发行:人民卫生出版社(中继线 010-59780011)
地　　址:北京市朝阳区潘家园南里 19 号
邮　　编:100021
E - mail:pmph @ pmph.com
购书热线:010-67605754　010-65264830
　　　　　010-59787586　010-59787592
印　　刷:北京人卫印刷厂
经　　销:新华书店
开　　本:787×1092　1/32　**印张**:4.5　**字数**:63 千字
版　　次:2013 年 3 月第 1 版　2013 年 10 月第 1 版第 2 次印刷
标准书号:ISBN 978-7-117-17133-5/R·17134
定　　价:19.00 元

打击盗版举报电话:**010-59787491**　**E-mail**: WQ @ pmph.com
(凡属印装质量问题请与本社销售中心联系退换)

前　言

　　航班大面积延误，口罩成为热销品，喜欢晨练的人们不得不待在家里……今年元旦以来，从南方的广州、杭州到北方的北京、兰州，雾霾天气频繁影响着我国多个地区。许多地方出现严重雾霾天气，细颗粒物大大超标，其中以北京及其周边地区最为引人关注。根据北京市环保监测中心数据显示，自1月12日以来，北京西直门北、南三环、奥体中心等监测点$PM_{2.5}$实时浓度突破每立方米900微克，西直门北交通污染监测点最高达每立方米993微克。一时间中国多地区灰霾污染问题成为舆论沸腾、万众揪心、全球关注的焦点！一时间"十面霾伏"、"中国被霾"、"自强不吸"等热词在媒体上被热捧，在公众之间快速传播。不可否认，近期的灰霾天气和$PM_{2.5}$

污染确实恶化了我国的大气环境，对公众的健康产生了不同程度的危害。但同时也反映出，我国广大的公众对灰霾天气、对细颗粒物污染尚缺乏科学、清醒的认识，因而也缺乏理性、积极的应对措施和行动。

在这样的背景下，如何让广大的公众理解和认识什么是雾、什么是霾？雾、霾有什么区别？霾和细颗粒物PM$_{2.5}$有什么关系？对人体健康有什么具体的危害？个人应该如何科学和积极地应对？科学、准确地回答上述这些问题，就是本书的目的和主要内容。相信本书对在人民群众中普及气象、大气污染和健康的科学知识，正确指导广大公众理性认识、科学应对现实发生的各种大气污染现象，会有积极的意义，在当前也特别具有迫切性和针对性。

本书由北京大学公共卫生学院相关专业的教授、研究生和中国疾病预防控制中心环境与健康相关产品安全所和具有丰富工作经验的研究人员合作编写完成。由于时间仓促，加之作者水平有限，不足之处，恳请读者批评指正为盼！

编　者
2013 年 3 月

目 录

写在前面的话

写在前面的话

蓝蓝的天上飘着朵朵白云，碧绿的水中映衬出青山婀娜的身姿，微风吹拂着青嫩的小草，悦耳的蛙鸣鸟叫声中，洁白的羊群如珍珠般点缀在远处的山坡上……曾几何时，这是人们对大自然的心灵描述。而今，已越来越成为人们，尤其是生活在现代化大都市的人们，对美好生活环境的渴望与向往。

自古以来，随着人类文明的进步和社会的发展，人们就对自身的生活环境有着美好的渴望和要求。什么样的生活环境是较理想的呢？适宜的自然温度（22～25℃），既无寒冬，亦无酷暑，适宜的湿度（50%～70%），不超过三级的和煦微风，良好的大气能见度，充沛的雨量，肥沃的农田，清澈的河流纵横交错，丘陵逶迤，高山叠翠，交通方便。回顾中华文明的历史，在黄河与长江流域文明的发源地，在黄帝的故乡，几千年来的人们就是在这样良好的生活环境中生活、繁衍和发展的。而今，在我们稳步跨入现代化社会的时候，恰恰就在这片中华文明的重要发源地，连续几年，从南到北，人们的生活居住环境几乎被可恶的灰霾笼罩，十面"霾"伏，舆论四起。灰霾不仅会给人们带来灰色的心情，从环境与健康的关系和角度，更重要的是会对人们的身心健康造成严重的危害。因此，不能不引起我们的警醒！

白雪涛
中国疾病预防控制中心
环境与健康相关产品安全所

知识篇

一、自然的大气环境 ▶

（一）大气层

一直以来，地球表面就被一层厚厚的大气层包裹着。这层看不见、摸不着、闻不出的大自然给人类的恩赐究竟是什么？包括什么？一直是个很吸引人的问题。

人类经过不懈地探索和追求，对大气层有了越来越清晰的了解。现在我们知道，整个大气层从下而上分为对流层、平流层、中间层、热成层和逸散层（图1）。对流层是大气圈最靠近地面的一层，与人类的生活最为密切，对流层集中了占大气总质量75%的空气和几乎全部的水蒸气量，天气变化极其复杂，主要的天气现象，如云、雨、雪、雹等都发生在这一层里。对流层的大气温度随着海拔高度的增加而降低，每增加1000米，温度就会自然降低6.5℃，这又称为"温度垂直递减率"。人类活动排入大气的污染物绝大多数在对流层聚集，因此对流层与人类关系最密切。

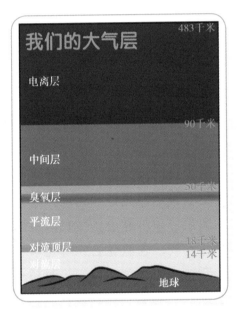

图1　大气层

（二）大气的组成

自然状态下的大气是由混合气体、水气和悬浮颗粒组成，混合气体包括有氮（N_2，占78.1%）、氧（O_2，占20.9%）、氩（Ar，占0.93%）等，同时，大气中自然存在着二氧化

3

碳（CO_2）和水。自然状态下，这些混合气体
在空气中占有的百分比是基本恒定的。

二、霾是什么

　　霾在史书中是用来表示有风沙的天气的，
"风而雨土为霾"。霾，文字的直接解释是空气
中因悬浮着大量的烟、尘等微粒而形成的混浊
现象，也称灰霾。霾也是一种天气现象，是由
空气中的灰尘、多种微小颗粒物以及硫酸、硝
酸、碳氢化合物、含氮化合物等化学物质组成
的气溶胶系统。当大气严重污染时，一年四季
都可能出现霾。和雾一样，霾也能使大气透明
度降低，变得浑浊，导致大气能见度恶化。当
水平能见度小于10 000米时，将这种非水成
物组成的气溶胶系统造成的能见度障碍称为霾
（haze）或灰霾（dust-haze）。霾的厚度可达
1~3千米左右。霾与雾、云不一样，与晴空
区之间没有明显的边界，霾颗粒的分布比较均
匀，而且霾颗粒的尺度比较小，从0.001微米

到10微米，平均直径大约在1~2微米左右。人的肉眼分辨率大约在100微米，也就是说，肉眼很难看清小于100微米的物体，所以我们用肉眼根本看不到大气中飘浮的单个颗粒物。由于灰尘、硫酸、硝酸等颗粒物组成的霾，其散射波长较长的光比较多，因而霾看起来常呈现出令人厌恶的黄色或橙灰色。由于霾中含有很多对人体有害的化学物质和微小颗粒物，所以霾天气对人体健康会造成直接危害。

【霾与雾的区别】

现在人们通常所说的"雾霾"，顾名思义是雾加霾。但雾是雾，霾是霾，雾和霾在本质上有很大的区别。

气象学认为，雾是一种天气现象，是由大量悬浮在近地面空气中的微小水滴或冰晶组成的气溶胶系统，多出现于秋冬季节，是近地面层空气中水气凝结（或凝华）的产物。雾的本质主要是水分，雾会使空气透明度降低，使大气能见度恶化。当悬浮在近地面空气中的水气凝结（或凝华）物使目标物的水平能见度降低到1000米以内时，这种天气现

象称为雾（fog）。而当目标物的水平能见度在
1000～10 000米时，这种天气现象称为轻雾
或霭（mist）。由于液态水或冰晶组成的雾散
射的光与波长关系不大，因而雾看起来呈乳白
色或青白色。雾天时，如大气没有污染存在，
一般不会对人体健康造成直接危害。

霾与雾的区别在于发生霾时相对湿度不
大，而雾中的相对湿度是饱和的（如有大量
凝结核存在时，相对湿度不一定达到100%就
可能出现饱和）。一般来说，当相对湿度小于
80%时，大气透明度降低，变得浑浊，能见度
恶化，是霾造成的。当相对湿度大于90%时，
大气透明度降低，变得浑浊，能见度恶化，是
雾造成的。而当相对湿度介于80%～90%之间
时的大气透明度降低，明显混浊，能见度恶
化，是霾和雾的混合物共同造成的，但其主要
成分是霾，我们把这种天气称为灰霾天气。组
成雾的悬浮颗粒物其核心主要是微小水滴，因
此雾除了对湿度和体感有一定影响，本身是无
毒无害的。而霾的组成比较复杂，组成霾的颗
粒核心可能有炭黑、碘化银、燃烧颗粒核、粉
尘、土尘、铸造尘、煤尘、雨滴、雾和硫酸雾

等，这与污染类型和气象条件有关，而这些颗粒会吸附空气中的其他污染物如有机物、重金属、微生物及病毒等，因此霾对人体是非常有害的。在气象学中，雾与霾的图形符号也是不同的（图2）。

图2　灰霾天气图形符号

三、霾的成因

　　灰霾污染日益严重，正受到社会各界的广泛关注。那么，是什么导致了灰霾的产生？这些本来肉眼看不见的微小颗粒，究竟是如何形成、如何变化，又是怎样影响人们赖以呼吸的空气呢？很多人在抱怨和恐慌的同时，有没有想过我们正在享受的现代化便捷，已经给我们生存的环境造成了难以承受的负担？

研究认为，严重的灰霾污染是人为空气污染物排放、异常气象因素和地形等共同作用的结果。空气污染物的产生主要来源于汽车尾气的排放、煤炭燃料的燃烧、工业企业的排放以及沙尘叠加等多种因素。与大气污染有密切关系的气象条件主要有风、逆温、气压、气湿等，这些气象因素都影响和制约着大气污染物浓度及其时空分布情况。

（一）空气污染物排放（源排放）

大气污染通常是指由于人类活动或自然过程引起某些物质进入大气中，呈现出足够的浓度，达到足够的时间，并因此危害了人体的舒适、健康或污染环境的现象。大气污染包括天然污染和人为污染两大类。天然污染主要由自然原因形成，例如沙尘暴、火山爆发、森林火灾等；人为污染是由人们的生产和生活活动造成的，可来自固定污染源

（如烟囱、工业排气管等）和流动污染源（汽车、火车等各种以石化燃料为能源的机动交通工具）。二者相比，人为污染源的来源更多，范围更广。

城市灰霾天气的主要成分是如今家喻户晓的$PM_{2.5}$（细颗粒物）。$PM_{2.5}$是指直径小于或等于2.5微米的颗粒物，也称细颗粒物，是由直接排入空气中的微粒和空气中的气态污染物通过化学转化生成的二次微粒共同组成的。直接排入空气中的微粒由尘土性微粒、植物和矿物燃料燃烧产生的碳黑粒子组成。二次微粒主要由硫酸铵和硝酸铵组成，这两种微粒是由大气中的SO_2和NO_x转化生成的。

近年来，我国社会经济高速发展，以煤炭为主的能源消耗大幅攀升，机动车保有量急剧增加，经济发达地区氮氧化物（NO_x）和挥发性有机物（VOCs）排放量显著增长，臭氧（O_3）和细颗粒物$PM_{2.5}$污染加剧，在可吸入颗粒物（PM_{10}）和总悬浮颗粒物（TSP）污染还未全面解决的情况下，京津冀、长江三角洲、珠江三角洲等区域$PM_{2.5}$和O_3污染加重，灰霾现象开始频繁发生，城市能见度降低。重要的污染源有下面几类：

1. 机动车尾气的排放

行驶在全国大小道路上的上亿辆汽车，已成为国内气溶胶污染物的主要"贡献者"。据有关研究显示，目前中国已经超过法国，在美国、日本、德国之后成为世界第四大汽车生产国。中国汽车市场需求完全可能保持20年甚至更长时间的持续、稳定、快速增长。据统计，2012年我国汽车产销双双突破1900万辆，再次突破纪录，增速都超过了4%，蝉联世界第一。到2020年，中国家用轿车保有量将达到7200万辆。与汽车市场蓬勃的发展相比，尾气污染已经变成令人触目惊心的现实，按照排放源对比的分担率来看，汽车尾气排放分担了大气颗粒物浓度的70%~80%（图3）。汽车的主要燃料是汽油、柴油等石油制品，燃烧后能产生大量的颗粒物（PM）、碳氢化合物（HCs）、一氧化碳（CO）、氮氧化物（NO_x）、多环芳烃和醛类等，这些有害的污染物，都为灰霾的产生"增砖添瓦"。

图3　汽车尾气

扩展阅读

　　光化学烟雾，是由汽车尾气中的氮氧化物（NO$_x$）和碳氢化合物（HCs）在日光紫外线的照射下，通过一系列的光化学反应生成的刺激性很强的浅蓝色烟雾。通俗地说，从汽车废气释放出的污染物聚集在空气中，一旦污染物质达到一定浓度，单个分子就有机会与其他分子碰撞，相遇的分子就会发生化学反应，而反应所需要的能量可以由太阳光提供。这些化学物质的混合体聚集在空气中被阳光加热，就像做汤用的各种配料混合在锅里在炉子上加热一样，最终煮成对环境和人体的危害更大的"空气毒汤"（图4）。

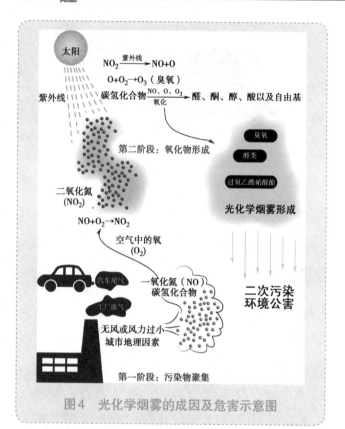

图4　光化学烟雾的成因及危害示意图

小贴士

　　光化学烟雾事件的特点：①污染物主要来自汽车尾气，经日光紫外线的光化学作用生成强氧化型烟雾；②气象条件为气温高、天气晴朗、紫外线强烈，多发生在夏秋季节的白天；③多发生在南北纬度60°以下的地区；④大城市内机动车拥挤、高楼林立，街道通风不畅，易发生此类事件。

2. 煤炭燃料的燃烧

燃料是人们在生产和生活活动中必不可缺的能源。就世界整体而言，燃料燃烧（火力发电）给我们提供85%的能量，其余的能量由水力发电及核能提供，更少的还有风能和地热。燃料的燃烧使人们遭受大量的空气污染（图5），这不是什么新奇现象。电厂锅炉、工业锅炉、取暖锅炉不停的燃烧，给我们带来生活便捷的同时，也产生和排放着大量的空气污染物。

煤炭燃烧时产生的污染物的种类和数量除与燃料中所含的杂质种类和含量有关外，还受燃料燃烧状态的影响。当燃料完全燃烧时的主要污染物是元素碳颗粒物、CO_2、SO_2、NO_2、水气和灰分。燃烧不完全时，则会产生有机碳颗粒物、CO、NO$_x$、SO$_x$、多环芳烃等，这些有害物质也是灰霾PM$_{2.5}$气溶胶的"罪魁祸首"之一。

图5 煤炭燃烧

当空气中的煤烟型空气污染物达到一定的浓度时，在特定气象条件的作用下，污染物得不到充分的扩散，就会爆发严重的煤烟型污染事件，例如伦敦烟雾事件。

小贴士

煤烟型烟雾事件的特点是：①污染物来自煤炭的燃烧产物以及工业生产过程中的污染物；②气象条件为气温低、

气压高、风速低、湿度大、有雾、有逆温产生；③多发生在寒冷季节；④河谷盆地易发生。

3. 工业企业废气污染

随着现代化的发展，工业企业如雨后春笋般冒出，工厂的烟囱，不断向外喷着烟雾，给我们赖以生存的大气带来了不可忽视的污染。排放污染物的工业企业主要有发电厂、冶炼厂、化工厂、机械加工厂、硫酸厂、建材厂等。污染物的种类与工厂原料种类及其生产工艺有关，生产工艺不同，产生的污染物的种类也不同。

（二）气象条件

有人可能会疑惑，空气污染物越来越多，为什么灰霾天气只是在近期频繁爆发呢？如果说空气污染物的排放是"主谋"，那气象条件就是灰霾发生的"帮凶"。与大气污染有密切关系的气象条件主要有风、逆温、气压、气湿等，这些气象因素都影响和制约着大气污染物浓度及其时空分布情况。

1. 风

我们知道，刮风的时候，污染物排放时的下风向地区比其他方向受影响的程度要大，因此我们应尽量避免处在污染源的下风口。风速决定了大气污染物稀释的程度和扩散范围。排入空气中的污染物在风的作用下会被输送到其他地区，风速愈大，单位时间内污染物被输送的距离愈远，混入的空气愈多，污染物浓度愈低。在其他条件不变的情况下，污染物浓度与风速成反比，风速越高，污染物浓度越低；反之，风速越低，污染物浓度越高。

风对污染物水平输送的同时也有稀释冲淡的作用。风速时大时小，上下、左右出现无规则的摆动，而这种无规则、杂乱无章的摆动能使气体充分混合，有利于污染物的稀释和扩散，称为大气湍流。风速越高，地面起伏程度越大，湍流运动就越强。

近年来随着城市建设的迅速发展，大楼越建越高，阻挡和摩擦作用使风流经城区时明显减弱。静风现象增多，不利于大气污染物的扩散稀释，却容易在城区内和近郊区周边积累。

2. 逆温

对流层大气的热量主要直接来自地面的长波辐射，在自然的大气条件下，大气温度随着高度增加而下降（图6）。每上升100米，温度下降0.6℃。就是说在数千米以下，总是底层大气温度高、密度小，高层大气温度低、密度大。对流层内的空气携带着空气污染物从温度高的底层逐渐上升，上升过程本身要消耗能量，上层空气的温度就会自然降低，形成气温下高上低的自然状态。此时空气对流良好，温度的垂直分布不稳定，有利于污染物的扩散和稀释。

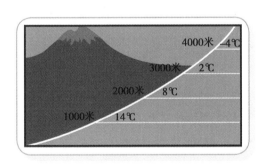

图6　气温随高度增加而下降示意图

然而，近地面的大气的实际情况非常复杂，各种气象条件均可影响到气温的垂直分

17

布，在一定条件下，会出现气温随高度增加而升高的反常现象，气象学家们称为"逆温"，这就是逆温现象。

扩展阅读

逆温现象产生类型有三种：即辐射逆温、锋面逆温和地形逆温。

晴朗无风的夜晚，地表无热量吸收，但同时向外散发热量而快速变冷，距地表几百米范围内的大气也因此而变冷。而在这冷却的大气层之上，空气却没有变冷，所以温度相对就要高，形成辐射逆温。早晨太阳温暖了大地，近地面的大气层又变暖，这时候逆温也就消失了。辐射逆温的产生，阻碍了空气的垂直对流运动，妨碍了烟尘、污染物、水气凝结物的扩散，近地面的污染物"无路可走"，只好"原地不动"，越积越厚，烟尘遮天蔽目，空气污染势必加重，"悲剧"自然而然也就发生了。1952年的伦敦煤烟雾事件，就是辐射逆温在"作怪"。

对流层中冷暖空气相遇，冷空气和暖空气的密度不同，很难融合在一起，所以只能分离，暖空气密度小爬升到冷空气的上面，两者之间形成一个倾斜的过渡区锋面，这叫锋面逆温。洛杉矶的光化学烟雾事件就是由锋面逆温所致。

地形逆温发生在山地、山坡上的冷空气沿山坡下沉到谷底，谷底原来较暖和空气被冷空气抬挤上升，从而出现温度倒置现象，这样的逆温主要是在一定地形条件下形成的，所以又称为地形逆温（图7）。如美国的洛杉矶因一面临海，三面环山，每年有200多天出现逆温现象。

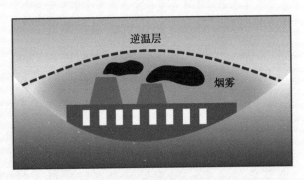

图7 地形逆温

3. 气压

空气污染物的扩散和稀释与气压的高低也有密切的关系。气压的高低与海拔高度、地理纬度和空气湿度等有关。地球上不同纬度地区所得到的太阳辐射是不同的,因而气温的高低也随纬度而变化,同时气压也跟着变化。当温度升高时,空气受热膨胀上升,密度减小,因而形成低气压;反之,当温度降低时,空气受冷压缩,密度变大,形成高气压。

大气总是由气压高的地方吹向气压低的地方,因此当地面温度高,受低压控制时,四周高压气团流向中心,中心的空气上升,形成上升的气流,此时空气垂直分布呈不稳定的状态,多为大风和多云的天气,有利于污染物的扩散和稀释;反之,当出现逆温现象时,地面温度降低,地面受高压控制,中心部分的空气向周围下降,呈顺时针方向旋转,形成反气旋。此时天气晴朗,风速小,不利于污染物的扩散(图8)。

世界上三大著名的煤烟型烟雾事件——伦敦烟雾事件、多诺拉事件及马斯河事件,其发生的气象条件正是由于逆温造成地面受高气压控制，导致低气层低温、无风，空气污染物不能及时扩散和稀释，酿成重大的烟雾事件。

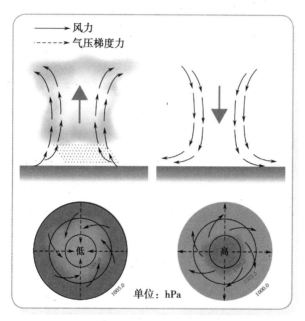

图8　北半球低压气旋（左）及高压气旋（右）的
形成及其天气示意

4. 气湿和降水

气湿通常用相对湿度（%）来表示，即大气含水的程度。空气中水分多，气湿大时，大气中的颗粒物质因吸收更多的水分使重量增加，运动速度减慢，气温低的时候还可以形成雾，影响污染物的扩散程度，使局部污染加重。

空气污染物中的可溶性成分遇到浮尘矿物质凝结核后会迅速包裹，形成混合颗粒，再遇到较大的空气相对湿度后，就会很快发生吸湿增长，颗粒的粒径增长2至3倍，吸收可见光的能力增加8至9倍，也就使能见度下降为原来的1/9至1/8。简单地讲，空气中原本存在的较小颗粒的污染物遭遇水气后变成人们肉眼可见的大颗粒物，随即发生灰霾事件。

大雨（雪）之后，空气格外清新，这是由于雨、雪等各种形式的降水，可将大气污染物从空中清洗至地表面。降水净化大气的作用主要有两个方面：①许多污染微粒物质充当了降水凝结核，然后随降水一起降落到地面；②雨滴等在下降过程中，碰撞、捕获了一部分颗粒污染物。这两种作用既发生在云中，也发生在云下降水下落的过程中。

（三）地形

地形可以影响局部的气象条件，从而影响当地大气污染物的稀释和扩散。

在盆地和山谷地形中，晚上寒冷的空气沿

山坡聚集在山谷中，形成滞止的冷气团，其上层有热气流。因此，山谷中就形成了上温下冷的逆温层。若没有阳光直射或热风劲吹，这种情况有时可持续一整天，著名的马斯河谷和多诺拉大气污染事件的发生中，地形逆温的形成起到很重要的作用。

随着城市建设的迅速发展，大楼越建越高，高大的建筑物间犹如峡谷，可以阻碍近地面空气污染物的扩散（图9）。

图9　建筑物之间的污染物扩散

人口密集的城市热量散发远远大于郊区，结果造成城区气温较高，往郊外方向气温逐渐降低。如果在地图上绘制等温图，城区的高温部就像浮在海面上的岛屿，称为热岛现象。热岛现象时，城市的热空气上升，四周郊区的冷空气补充，可把郊区排放的污染物引入城市，加重市区的大气污染（图10）。

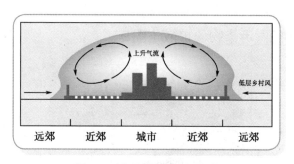

图10　城市热岛环流模式

通过对以上气象因素的分析，我们可以发现，逆温现象、风速小、大气稳定性高、相对气湿大及区域内特殊地形的影响是导致区域地区污染的重要原因。事实上，气象与污染这两个因素之间是相互影响、相互作用的，不利的气象条件可以使污染物在大气中不断累积，使污染加重；反过来，污染物浓度的增加也可以改变城市中温度和风的分布，使城市气象发生变化，因此两者不能截然分开。

2012年11月下旬以来，影响我国的冷空气活动频繁，先后出现了7次大范围的冷空气活动，全国平均气温为近28年同期最低，呈现出平均气温明显偏低，部分地区日最低气温破历史极值，降温幅度大，低温持续时间长，雨雪多，湿冷特征明显的特点。由于低温导致燃煤采暖排放量相应增加，加重了大气污染。冷空气过后气温上升，易形成逆温现象。逆温层好比一个锅盖覆盖在城市上空，这种高空的气温比低空气温更高的逆温现象，使得大气层低空的空气垂直运动受到限制，导致污染物难以向高空飘散而被阻滞在低空和近地面。反观2013年1月，影响我国的冷空气活动较常年偏弱，风速小，中东部大部地区稳定类大气条件出现频率明显偏多，尤其是华北地区高达64.5%，为近10年最高。静稳天气易造成污染物在近地面层积聚。在污染物排放与气象条件的共同"努力"下，我国2012年冬季的灰霾事件频频发生。

（四）霾与颗粒物

近年来，随着大气污染与人体健康影响研究的步步深入，人们越来越多地将注意力集中在能加重灰霾天气污染的罪魁祸首——颗粒物上。颗粒物这一名词正逐渐为大众所熟悉。到底什么是颗粒物呢？它的科学含义是什么？

颗粒物是描述大气质量的一个指标，英文是particulate matter，缩写为PM。有些颗粒物因粒径大或颜色黑可以为肉眼所见，比如烟尘。有些则小到需使用电子显微镜才可观察到（图11）。

图11 煤灰的电子显微镜扫描照片，
显示了不同粒径的颗粒物

小贴士

PM$_{2.5}$定义：通常我们把在10微米以下的颗粒物称为PM$_{10}$，2.5微米以下的称为PM$_{2.5}$，因两者都能深入到人体肺部气管，甚至到小支气管和肺泡处，又称为可吸入颗粒物。图12是PM$_{10}$、PM$_{2.5}$粒径与人头发和海滩细沙粒的形象比较。颗粒物的直径越小，进入呼吸道的部位越深。气管的上皮细胞表面有很多像纤毛一样的微小突起，如进入气管内的颗粒物粒径较大的话，一部分被直接呼出，一部分就会附

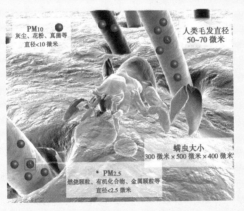

PM$_{10}$
灰尘、花粉、真菌等
直径<10微米

人类毛发直径
50~70微米

螨虫大小
300微米×500微米×400微米

PM$_{2.5}$
燃烧颗粒、有机化合物、金属颗粒等
直径<2.5微米

图12　毛发与PM$_{2.5}$、PM$_{10}$大小的比较

着其上，随后被细胞的分泌液粘附，同时纤毛向喉部方向摆动，于是颗粒物就会以痰的方式被排出体外。当进入肺部的颗粒物粒径很小时，它就会长驱直入，进入小支气管或肺泡部位，而这一部位的细胞没有功能强大的纤毛，呼出气流也明显减弱，颗粒物就会沉积下来。

灰霾天气时，空气中的污染物80%以上是各种各样的悬浮在空中的颗粒物，这些悬浮的颗粒物可以是炭黑、碘化银、燃烧颗粒核、粉尘、土尘、铸造尘、煤尘、雨滴、雾和硫酸雾等，这些不同的颗粒物代表着不同的污染来源。同时由于污染来源和形成条件不同，颗粒物的形状也是多种多样的，有球形、菱形、方形等。另外，粒径也是颗粒物最重要的性质之一，它反映颗粒物来源的本质，并可影响光散射性质和气候效应。颗粒物的许多性质如体积、质量和沉降速度都与颗粒物的大小有关。而颗粒物的大小一般用空气动力学当量直径来表示。

扩展阅读

　　空气动力学是力学的一个分支，它主要研究物体在同气体做相对运动情况下的受力特性、气体流动规律和伴随发生的物理化学变化。它是在流体力学的基础上发展而成长起来的一个学科。从空气动力学角度来看，由于不同类型颗粒物的密度和形状的不同，即使同一粒径的颗粒物在空气中的沉降速度也不尽相同，进入并沉积在呼吸道内的部位可能也不同。为了互相比较，便提出空气动力学当量直径这一概念。

　　空气动力学当量直径是一种假想的球体颗粒直径，它能直接表达出颗粒物在空气中的停留时间、沉降速度、进入呼吸道的可能性、在呼吸道沉积部位，故最为理想。空气动力学粒径与实际存在的颗粒物的粒径有显著不同。颗粒物的空气动力学当量直径是指某一种类的颗粒物，不论其形状、大小和密度如何，如果它在空气中的沉降速度与一种密度为1的球形粒子的沉降速度一样时，则这种球形粒子的直径即为该种颗粒物的空气动力学当量直径。实际存在的颗粒物的粒径与颗粒物组成、相对密度和形状有很大关系。理想粒径是球形颗粒直径。实际上，空气中悬浮颗粒物是由无定形不规则的颗粒组成的。用于描述大气质量的PM_{10}、$PM_{2.5}$具有特定的科学含义，我们可以理解为，不是所有10微米以下，或2.5微米以下的颗粒物都可称之为PM_{10}、$PM_{2.5}$。理解空气动力学当量直径的概念，就像我们理解不同类型炸药的爆炸力一般要用TNT当量来表示一样。

空气动力学当量直径的特征：

（1）同一空气动力学当量直径的颗粒物趋向于进入并沉积在人体呼吸道内相同区域。

（2）同一空气动力学当量直径的颗粒物在大气中具有相同的沉积速度和悬浮时间。

（3）同一空气动力学当量直径的颗

粒物在通过旋风器和其他除尘装置时具有相同的几率。

（4）同一空气动力学直径的颗粒物在进入颗粒物采集系统中具有相同的几率。

从环境与健康的角度，经常提到的颗粒物有总悬浮颗粒物（≤100微米；total suspended particulates，TSP）、可吸入颗粒物（≤10微米；thoracic particulate matter，PM_{10}）、粗颗粒物（>2.5微米且≤10微米，$PM_{2.5\sim10}$）、细颗粒物（≤2.5微米，fine particulate matter，$PM_{2.5}$）和超细颗粒物（ultrafine particles，UFPs）。不同粒径的颗粒物其有害物质的含量也有所不同。研究发现，60%～90%的有害物质存在于PM_{10}中。一些元素如铅（Pb）、镉（Cd）、镍（Ni）、锰（Mn）、溴（Br）、锌（Zn）以及多环芳烃等主要附着在2.5微米以下的细颗粒物上，而城市灰霾天气的主要组分就是细颗粒物。

不同粒径的颗粒物在呼吸道的沉积部位不同（图13）。大于5微米的多沉积在上呼吸道，即沉积在鼻咽区、气管和支气管区，通过纤毛运动这些颗粒物被推移至咽部，或被吞咽至胃，或随咳嗽和打喷嚏而排除（图14）。小于5微米的颗粒物多沉积在细支气管和肺泡。2.5微米以下的75%在肺泡内沉积，但小于0.4微米的颗粒物可以较自由地出入肺泡并随呼吸排出体外，因此在呼吸道的沉积较少。有时颗粒物的大小在进入呼吸道的过程中会发生改变，吸水性的物质可在深部呼吸道温暖、湿润的空气中吸收水分而变大。

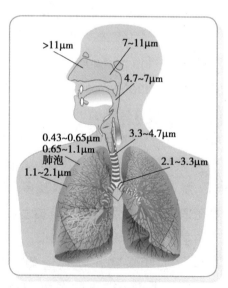

图13 显示不同粒径的颗粒物可能到达肺的部位

（μm：微米）

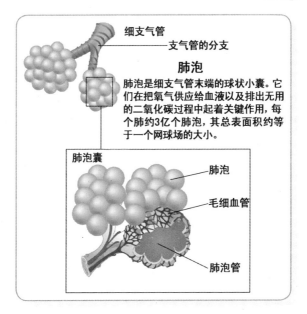

图14 人肺泡的解剖示意图

（五）灰霾与大气能见度

大气能见度是一个与人们生活息息相关的气象要素。能见度的好坏，将直接影响着城市交通运输的安全和效率。随着工业经济的发展，空气污染物浓度越来越高，灰霾事件频频爆发，天气经常呈现灰蒙蒙的浑浊现象，大气能见度低下已成为重要城市的大气环境问题。因此，研究灰霾天气对能见度的影响，对减少

33

灾害损失、保障交通安全和环境质量具有重要的意义。

能见度是指视力正常的人，在当时的天气条件下，能够从天空背景中看到和辨认的目标物的最大水平距离，以米或公里为单位。国家气象行业标准QX/T 113-2010《霾的观测和预报等级》规定，将能见度分为三个等级（表1）。根据这个等级，我们在日常生活中，可以通过目测来判断灰霾的严重程度，从而对灰霾进行适当的防范，因此，能见度是我们对空气污染的一个重要的感官指标。

表1　能见度等级

等级	能见度（V）（千米）	建议采取的措施
轻微	$5.0 \leqslant V < 10.0$	轻微霾天气，无需特别防护
轻度	$3.0 \leqslant V < 5.0$	轻度霾天气，适当减少户外活动
中度	$2.0 \leqslant V < 3.0$	中度霾天气，减少户外活动，停止晨练 驾驶人员小心驾驶 因空气质量明显降低，人员需适当防护 呼吸道疾病患者尽量减少外出，外出时可戴上口罩

续表

等级	能见度（V）（千米）	建议采取的措施
重度	V < 2.0	重度霾天气，尽量留在室内，避免户外活动 机场，高速公路、轮渡码头等单位加强交通管理，保障安全；驾驶人员谨慎驾驶 空气质量差，人员需适当防护；呼吸道疾病患者尽量避免外出，外出时可戴上口罩

太阳光在穿过大气时，大气中的各种分子对阳光进行吸收和散射，当阳光穿透大气照到地面时，就损失了大量的可见光，导致了大气能见度降低，当灰霾发生时，空气变得浑浊，空气中的颗粒物越多，对阳光的吸收和散射作用就越强，损失的阳光也就越多，大气能见度就相对降低。这时，我们看见空气灰蒙蒙的，看不见蓝天。同时现代研究认为，细颗粒物对太阳光的吸收作用也是形成大气温室效应——全球气候变暖的原因之一（图15）。

早起的人们常会有这样的感觉，有时早上的空气并不清新。城市上方的空气停滞不动，远处高楼的轮廓在烟雾的笼罩下显得模糊不清，大气的能见度很低；然而到了中午，阳光照射下来，雾气也随之散发，晴朗的天气使人心情愉悦。一天之中，能见度的这些变化，主要是大气中的颗粒物在"作怪"。

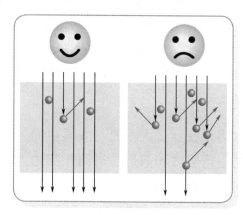

图15　颗粒物对阳光吸收和折射作用示意图

夜间大气稳定性较好，边界层内常有逆温存在，抑制了空气流动，颗粒物主要集中在逆温层下方。黎明时分，人们开始做饭、上班族开车上班、工厂的工人开始工作，锅炉开始燃烧，烟囱里很快就冒出了烟，这些烟聚集在逆温层下方，造成大气污染排放量增大，加剧了空气污染程度。而夜间至早晨空气中相对湿度较大，风速较小，容易产生灰霾，导致夜间和早晨能见度下降。日出之后，随着太阳辐射加强，空气相对湿度减小，逆温逐渐被抬升而消失，大气垂直交换加强，而且午后地面风速是一日之中最大的时段，空气中污染物容易扩散，因此午后大气能见度一般是一日之中最好的时段。

近年来，随着我国城市现代化的发展，空气遭受严重的污染。大量的空气颗粒物飘浮在城市的上空，大气能见度逐年下降。以往的蓝天白云、璀璨星空如今已经成了大多数城市的"奢侈品"。

影响篇

据世界卫生组织（WHO）统计，灰霾中的颗粒物（PM）对人群健康最突出的影响是使人群的期望寿命降低（平均减寿约1岁）；灰霾污染物主要影响人的心肺功能，短期高浓度的灰霾可引发肺部炎症和心肌缺血，敏感人群出现咳嗽、咳痰、喘息、胸闷和胸痛等症状，灰霾期间心肺疾病的门（急）诊和入院率增多，死亡率增加；长期灰霾污染可导致儿童肺功能发育迟缓、人群肺癌患病率增高及人群期望寿命减少。

一、霾对人体健康的影响

（一）灰霾对哮喘的影响

灰霾污染物是重要的哮喘激发因素。据世界卫生组织（WHO）统计，灰霾污染物浓度增高是加重哮喘症状的直接原因，哮喘患者的喘息症状和肺功能的下降程度随着灰霾污染物浓度的增高而加剧；哮喘患者的缺勤率也随着灰霾中的$PM_{2.5}$及二氧化氮（NO_2）的浓度增加而增加；严重时灰霾当天或灰霾过后1~2天哮喘的急诊就诊率和住院率都显著增加。

灰霾污染物的成分复杂，一方面灰霾粗颗粒物（$PM_{2.5~10}$）表面携带的花粉、真菌、真菌孢子等都是常见生物性过敏原，儿童长时间接触可以激发哮喘发作；另一方面，灰霾中的细颗粒物可以直接进入人体的肺泡和细支气管，刺激支气管收缩并影响肺泡的换气功能，导致机体缺氧而诱发哮喘。

此外灰霾中的臭氧可能导致肺气肿和气管痉挛，同样会引起机体缺氧而诱发哮喘。

灰霾污染时，儿童因肺功能和免疫系统尚未发育成熟，对灰霾污染的防御能力相对较低；老年人的肺功能处在逐步衰退的进程中，对外环境的适应和抵抗能力都在下降，因而这两类人群都属于灰霾健康影响的易感人群，应该予以特殊关注。

（二）灰霾对呼吸道感染的影响

据世界卫生组织（WHO）统计，灰霾中的颗粒物是新生儿肺炎死亡的直接原因之一。短期高浓度的灰霾可引发急性呼吸道炎症，加剧肺气肿、支气管炎和肺炎病人的病情，敏感人群会出现咳嗽、咳痰、喘息、胸闷和胸痛等呼吸道感染症状；灰霾期间及灰霾后一周医院呼吸科患者的急诊率、住院率和死亡率显著增加。

灰霾的多种成分均有可能引发急性呼吸道感染，作用机制主要体现在以下几方面：

（1）灰霾中粗颗粒物（$PM_{2.5 \sim 10}$）因为直径比较大，一般滞留在上呼吸道，对上呼吸道黏膜产生腐蚀和刺激作用，使呼吸道的防御能力下降；而灰霾中的细颗粒物（$PM_{2.5}$）则主要滞留在终末细支气管和肺泡，使肺的通气和换气能力均下降。

（2）灰霾颗粒物吸附的酸性物质、重金属、无机离子和挥发性有机物等，以细颗粒物为载体进入肺组织，刺激或腐蚀肺泡壁，使呼吸道防御功能受到损害。

（3）灰霾中的臭氧对呼吸道黏膜有强烈的刺激作用，引发细支气管痉挛，肺组织发生炎症坏死，从而导致肺功能和肺活量下降。

一般儿童、老年人及灰霾污染前患有慢性呼吸系统的基础疾病，如慢性阻塞性呼吸系统疾病（COPD）的患者，在严重灰霾发生时，应该特别加以注意。

（三）灰霾对心脑血管疾病的影响

灰霾天气发生时，接触污染的人群由于吸入了大量的空气污染物，可以直接对人体的呼吸系统产生危害。同时，由于人体的心脑血管和呼吸系统是相通的，呼吸系统的影响必然也会导致人体心脑血管系统的危害。灰霾对心脑血管系统产生的影响都有哪些呢？

1. 促发心脑血管疾病

灰霾天气时，空气中的自然含氧量一般有所下降，人们很容易感到胸闷，呼吸系统就会受影响；如果灰霾持续不散，人体就会因慢性的缺氧加重心脑血管系统的负担，可能诱发心绞痛及心肌梗死；或促发慢性支气管炎出现肺源性心脏病；或促使体内血栓形成，可能导致脑栓塞或脑出血等严重疾病的发生。

灰霾天气中的大气污染物可降低血液输送氧的能力，引起组织缺氧。对于贫血和血液循环障碍的患者来说，可以加重呼吸系统疾病，引起胸闷、气急及呼吸困难，甚至引起心力衰竭等心脏疾病。

灰霾天气中的污染物还可以引发血管发生炎症，引起血液凝集、血栓形成以及血液黏度增加，引起动脉粥样硬化斑块，此外，还可导致斑块的不稳定性，使斑块容易脱落，堵塞血管，从而在短期内诱发心肌梗死及脑卒中的发生。

灰霾时，大气中的污染物还可干扰心脏跳动的节奏，引发心律不齐等心血管疾病。

灰霾时，大气中的病毒和细菌扩散较慢，其中的一些细菌、病毒等也会导致头痛，甚至诱发高血压及脑溢血等疾病。

2. 诱发慢性心脑血管疾病的急性发作

自 2012 年 10 月以来，我国的辽宁、河北、河南、甘肃、陕西以及山东等省市均出现了能见度极差的灰霾天气。这种天气不但使交通事故频繁发生，还导致各大医院呼吸科及心脑血管科就诊的人数增加。灰霾天气使心脑血管疾病病人急性发作的数量增加。

心脑血管疾病多为慢性病，需要进行长期治疗，除急性突然发作需及时住院治疗外，一般情况下病人会选择自身服药，定期就诊治疗。

对于先前已有慢性肺病、冠心病和心力衰竭的患者，灰霾天气时的低气压令他们觉得浑身不适，心情也随之变得压抑、低落，更易导致抵抗力下降，不利于血压保持稳定，容易造成老年人脑血管疾病频频发作。灰霾时的低氧状态，也容易加重他们的心血管负担，使心脏病加重，引起急性发作。

灰霾天气时，空气中的可吸入性悬浮物增多，病毒和细菌扩散慢，有害物质可达正常天气时的50～100倍，灰霾天气增加了原有心血管疾病患者发生急性呼吸道感染的机会，并影响其心脏的功能，加重心脏的负担，可导致心衰。原有脑血管病患者的症状加重，严重者可促发脑卒中。

在冬季，灰霾天气对心脑血管患者的影响更大。这是因为，寒冷季节，冷空气活动频繁，当冷空气突然袭来，引起机体抵抗力下降，加上冬季寒冷刺激，很容易导致血管痉挛、血压波动以及心脏负荷加重等，使心脏病患者症状加重，容易引发冠心病、肺心病、脑卒中、心肌梗死、心绞痛和偏头痛等疾病。

3. 增加心脑血管疾病发生死亡的危险

以著名的"英国伦敦烟雾事件"为例，可以看出灰霾天气可使心脑血管疾病的死亡率明显增加。20世纪初，伦敦人大部分都使用煤作为家居燃料，产生大量烟雾。1952年12月5～9日，伦敦被烟雾笼罩，持续不散，数千居民出现胸闷等症状，在7～13日这一周中，因冠心病死亡的人为之前一周的2.4倍，因心脏衰竭死亡的人为前一周的2.8倍。

对健康人而言，空气污染物不是直接的致死因素，但却可以导致患有心脑血管疾病、呼吸系统疾病和其他疾病的敏感体质的患者急性发作及死亡。

此外，灰霾天气对于吸烟者来说，发生缺血性心脏病的危险也增加。

（四）灰霾的其他健康影响

灰霾不仅可以引起呼吸系统、心脑血管系统疾病等急性健康损害，还可能与癌症的发生有关。灰霾颗粒物中含有一些致癌物质及促进癌症发生的物质，如多环芳烃和苯等，长期吸入颗粒物可能增加发生肺癌的风险。

有些调查显示灰霾污染还可能影响胎儿的健康，大气污染可能与胎儿发育迟缓、早产、低出生体重及出生缺陷等有关。

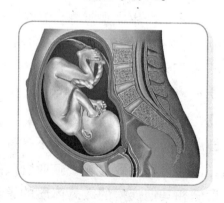

此外，灰霾还可能影响到人们的心理，让人产生抑郁、焦虑、压抑及悲观等不良情绪。

二、霾与城市形象

（一）"城市名片"

2013年1月6日以来，中国大部分地区陷入严重的灰霾天气中，中央气象台多次将大雾蓝色预警升级至黄色预警，从东北到西北，从华北到中部以及黄淮、江南地区，都出现了大范围的严重污染。中国科学院分布在京津冀区域的15个$PM_{2.5}$监测站的监测数据统计显示，仅1月份，北京就爆发了5次强霾污染，创造了1月仅5个蓝天的"冰点成绩"，13日10时，北京甚至发布了北京气象史上首个霾橙色预警，空气污染指数接近1000，出现公众称之为"爆表"的六级"最高级"严重污染天气。

灰霾如幽灵般徘徊在我国中东部大部分地区，不仅给人们带来生活的不便，同时也对城市运行产生了不小的影响。学校取消室外活动，部分高速公路被封闭，大批进出港航班被延误或取消。大雾天气除了影响交通外，也对人们的身体健康造成了较大的威胁。灰霾天气遇到冬季寒流，导致各大医院门急诊患者中，呼吸道感染的患者比例同比明显上升。

持续数天的严重灰霾天气，不仅成为百姓每日生活的关注点，深深刺痛着中国百姓的心，更引起了全球的广泛关注。各大媒体竞相高频率、大篇幅地跟踪报道，严重地影响着我国各城市在国际上的形象。如美国《纽约时报》将北京形容为"机场里的吸烟区"；德国《明镜》周刊指责"北京是世界上最脏的城市之一"；美联社将如此的空气污染归咎于中国快速的工业化、对煤炭能源的依赖、汽车保有量的爆炸性增长以及对环境保护法律缺乏尊重；英国《经济学人》难以置信空气污染程度可以达到如此之高的程度，指出中国治理环境污染已刻不容缓。严重的灰霾天气和细颗粒物污染几成北京和中国诸多城市的"名片"，被世界各国的媒体争相报道，给发展中的中国和中国人民带来很不好的"负能量"。

灰霾事件已经成为摆在我们面前的亟待解

决的关系国计民生的大事。刚刚召开的全国两会上，灰霾话题也成为了两会代表和媒体关注的焦点问题，新华社发表微评"既然同呼吸只能共命运"，引起对灰霾天气的深刻反思。"美丽中国"的蓝图刚刚绘就，然而灰霾频发深深刺痛百姓的心。既然空气没有特供，既然人人都是受害者，国人就必须同呼吸共命运，共同努力保护环境，才能实现我们自强不"吸"的中国梦。

（二）以史为鉴

实际上，烟雾事件并不陌生，历史上曾有多次重大的大气污染引发的著名烟雾事件，让我们在这里一起回忆一下，总结这些事件的经验教训，正视摆在我们面前的问题，从而正确分析和应对。

1. 伦敦烟雾事件

1952 年发生的英国伦敦烟雾事件是历史上最典型的大气污染事件之一（图 16）。12 月 5～9 日，位于泰晤士河谷地带的伦敦城一连几日无风，大气呈逆温状态，气温在 -3～4℃之间，大雾笼罩了整个城市，浓雾不散，伦敦住户的采暖壁炉排出大量的烟与浓雾混合，停滞于城市上空，连续48小时内，能见度下降到不足10米，整个城市被浓烟吞没，情况十分恶劣。在这种气候条件下，飞机被迫取消航班，汽车即便白天行驶也须打开车灯，行人走路都极为困难，只能沿着人行道摸索前行，剧院、电影院等公共场所处于关闭状态。

图16　伦敦烟雾

调查显示，事件期间的大气主要污染物是二氧化硫（SO_2）和颗粒物（PM）。日均SO_2平均浓度为每立方米1.6毫克（最高达每立方米 1.97 毫克），超出当时英国及欧盟标准的 11 倍；平均总悬浮颗粒物浓度为每立方米 1400 微克（最高达每立方米 1620 微克），超出英国环保标准 15.8 倍。如此之高的大气污染程度，严重影响着居民的健康。后续的调查发现，烟雾事件期间的呼吸科急诊率、住院率和死亡率与 SO_2 日均浓度高度相关。12 月 7～13 日这一周，死亡人数猛增，死亡总数为 4703 人，是 1947～1951 年历史同期死亡人数的 2.5 倍。之后的第二周内，死亡仍较平时成倍增加。对死亡的影响一直持续到 1953 年 2 月。1953 年 1 月和 2 月的死亡率比前一年（1952 年）历史周期高 50%。

烟雾事件前伦敦医院每天住院病人约 750 人，其中 23% 的病人为呼吸科患者。烟雾期间截至 12 月 9 日伦敦住院病人达 1100 人，其中 41% 为呼吸科患者。总住院率增加了 48%，而呼吸科住院率增加了 163%。急诊人数迅猛增加，总急诊人数约为事件前急诊人数的 1～1.5 倍，其中呼吸科和心内科急诊增加 2～2.5 倍。烟雾事件对肺炎影响持续了 3 周，事件后 2 周肺炎人数分别是

1947～1951年历史同期周平均肺炎人数的2.7和2.4倍。

同时，大量研究发现，大气污染急性事件对人体健康的影响常常存在滞后效应，即污染对健康的危害不是立即发生，而是推迟几天甚至几个月才逐渐显现。该污染事件发生在12月5～9日，此间污染物浓度不断升高，然后12月7～13日这一周，死亡人数猛增，说明死亡人数的高峰期落后于空气污染浓度的高峰期，两者相差约1～2天。该事件发生两个月后的统计显示，又有近8000人死于相关的呼吸系统疾病。

伦敦这个多雾的城市，在众多的当时文学作品中也有相关的描述。《伦敦之心》英国游记作家摩顿写道，"到处都是雾，雾直逼到嗓子使人流泪"。"它伸出冷湿的手指触摸耳朵，并紧紧地抓住手……我走进雾里就如同进入难以置信的地狱。雾使伦敦成了魔鬼的世界。"

这一事件直接推动了1956年《英国洁净空气法案》的通过，英国政府通过推动家庭转向天然气等取暖、从大城市迁出火电厂、限制私家车、发展公共交通、建立节能写字楼、提高现有建筑能源利用率、利用新能源等方式，经过近三十年努力，才使这一城市摘掉了"雾都"的帽子。

2. 多诺拉烟雾事件

多诺拉是美国宾夕法尼亚州的一个小镇，坐落在一个马蹄形河湾内侧，两边的山丘把小镇夹在山谷中，有居民1.4万多人。该镇集中着硫酸厂、钢铁厂、炼锌厂等工业企业。工厂废气不断地排放，可明显看到浓烟、感受到异味，但当地居民对此并没有特殊反应，习以为常。

1948年10月26～31日，多诺拉镇出现了持续雾天，潮湿寒冷，阴云密布，格外昏暗。处于无风状态，出现逆温现象。在这种情况下，工厂持续排放的含有二氧化硫等有毒有害物质的气体及金属微粒在气候反常的情况下聚集在山谷中积存不散，废气难以扩散和稀释，使污染物在大气积聚，越来越厚重，封闭在山谷中。整座小镇被浓浓的烟雾和刺鼻的二氧化硫气味笼罩着，能见度极低，工厂都消失在烟雾中。这些有毒物质附着在悬浮颗粒物上，严重污染了大气。人们在短时间内大量吸入这些有毒害的气体，引起各种症状，以致暴病致死。

据资料显示，随后的小镇中有6000人突然发病，症状为眼病、咽喉痛、流鼻涕、咳嗽、头痛、胸闷、呕吐等，其中有20人很快死亡。老人和原来就患有心脏病或呼吸系统疾病者最早开始出现呼吸系统的症状，社区医生淹没在这些家庭的求诊电话中。镇上的医师夜以继日地救治病人，护士和其他志愿者，警察和消防员等也奔走挨家挨户去提供氧气；药店整夜开门来满足就诊买药者；牧师忙于对濒临死亡的重病者和家庭举行仪式和祈祷；多诺拉卫生局举行紧急会议，美国红十字会、美国退伍军人协会以及附属机构在社区活动中心设置急救站；殡仪馆提供救护车送患者到社区中心或就诊机构；来自外地的亲朋好友的电话、电台和报纸上如洪水泛滥。

面对这种情景，多诺拉锌厂停止冶炼，以尽可能多地消除烟尘和工业废气。烟雾事件9年后，多诺拉锌厂关闭，900人失去工作。10年后，美国钢铁公司关闭其在多诺拉镇的所有设施，失去近5000个就业机会。

这场震惊全国的灾难引发了全国范围内对空气污染的抵制运动，推动了联邦清洁空气法相关研究的开展，也促使开始了国家环保行动，重点关注空气中有害甚至是致命性作用的因素，尤其是工业污染。可以说，空气清洁法的颁布和环境保护部的建立是多诺拉悲剧的产物，多诺拉事件成为了为清洁空气而战的代名词。

3. 洛杉矶光化学烟雾事件

最著名的光化学烟雾事件发生在美国洛杉矶，也是人们对光化学烟雾认识的开始。洛杉矶位于美国西南海岸，西面临海，三面环山，盆地地形。早期金矿、石油和运河的开发，以及特殊的地理位置，使其迅速成为一个商业、旅游业都很发达的港口城市，素有"烟港"之名。

1943年洛杉矶公众首次遭遇了烟雾事件，上千人出现了眼睛红肿、流泪、打喷嚏、咳嗽、恶心、呕吐，周边的植物叶片也出现了斑驳的枯萎，而且该影响迅速蔓延到整个南加州，但直到1950年才由加利弗尼亚技术学院的生物化学教授Arie J Haagen-Smit查明这次事件的原凶是汽车和工业废气产生的一种叫作不饱和烃的有机物，并证明这种新的烟雾是由汽车尾气中的烃和氮氧化物（NO_x）经太阳紫外线照射后发生光化学反应而形成的光化学氧化剂（以臭氧为主）。随后不久又发现上述光化学氧化剂中有一种成分具有强烈的光毒性和眼睛刺激作用，即过氧酰基硝酸酯（PANs），至此人们对光化学烟雾有了相对全面的认识。

洛杉矶在20世纪40年代就拥有250万辆汽车，每天大约消耗1100吨汽油，排出1000多吨碳氢化合物、300多吨氮氧化物和700多吨一氧化碳。另外，还有炼油厂、供油站等其他石油燃烧排放，这些化合物被排放到阳光明媚的洛杉矶上空，不啻制造了一个毒烟雾工厂。1943年开始，光化学烟雾严重污染了洛杉矶的天空，65岁以上的人群死亡率升高，哮喘和支气管炎流行，平均每日约死亡70~317人，洛杉矶人这才意识到他们自夸的明媚的阳光和对大汽车的热爱会带来不利的一面。

从洛杉矶开始，光化学烟雾现象现在已遍

布世界各地。1998年的德黑兰，1999年的墨西哥城，2000年的巴黎、雅典及近年来的兰州、上海、成都、北京等城市都遭受过光化学烟雾的摧残。

三、霾对生活环境的影响

灰霾事件发生时，大气污染物积聚，浓度短期内增高，使周围人群大量吸入污染物而造成急性危害，如出现呼吸道和眼部刺激症状、咳嗽、胸痛、呼吸困难、咽喉痛、头疼、呕吐、心功能障碍、肺功能衰竭等。

此外，也可通过影响其他生活环境而间接造成对健康的危害。大气污染物可通过沉降作用以及雨水冲刷，转变为水体污染和土壤污染；水体污染物又可进入水生生物体内，随着食物链的逐级转移不断在水生生物体内积聚、富集、传递而进入人体，危害人类健康；土壤污染物可以通过进入地下水而污染水源或直接通过饮水进入体内，或者通过植物对土壤污染物的吸收和富集而转移至人体内。人类就是生活在这样一个彼此相互交错连结而成的完整系统中。

小贴士

食物链的概念：通俗地讲，是各种生物通过一系列吃与被吃的关系，把这种生物与那种生物紧密地联系起来，这种生物之间以食物营养关系彼此联系起来的序列，就像一条链子一样，一环扣一环，成为食物链（图17）。

图17　海洋食物链

四、霾对出行和工作的影响

近日，国内大部分地区的天气都不怎么透亮，这就是灰霾引起的能见度降低。这种天气对城市交通、生活出行和工作带来非常大的影响。

能见度差，平均车速也跟着下降，使交通比往日更加拥堵，人们在室外滞留呼吸"毒气"的时间变长，不利于身体健康。同时，"雾里看花"的感觉更是让人提不起精神来，心情不好。恶劣的天气加上恶劣的心情，很容易造成交通事故。在这样的情况下，一定要调整好自己的心态，不要急躁，这一点很重要，既然不能解决，就不要无谓的焦急了，按喇叭和加塞抢行等行为只能让情况越来越糟，搞得其他人心情也不好，同时增加了行驶危险性。

灰霾天气对长途出行的影响也比较大。灰霾发生时，能见度降低，高速公路通行受阻，车辆刮蹭、追尾等小事故有明显增多趋势。严重的灰霾事件发生时，高速路口大多封闭，人们只能"望路兴叹",无法出行。此外,灰霾天气对航空飞行安全也直接构成严重威胁。灰霾发生时,严重影响飞行安全,导致机场关闭,航班取消,造成大量旅客滞留,降低运营秩序和工作效率。

持续的雾霾天气,会让不少居民在室外感到极不舒服,一些城市的居民选择暂停户外锻炼,尽量减少外出,办公室白领纷纷选购空气净化器,而那些户外工作的劳动者们,却依然坚守在岗位上。

环卫工人以及建筑工人,身处空气污染物浓度高的公路上或建筑工地中,比一般人更长时间地待在灰霾的大气中,吸入污染物的量要比其他人高。另外,灰霾使大气能见度降低,也增加了他们工作的难度及强度。高强度的工作劳动使他们呼吸量大,戴着口罩呼吸困难,加上防范意识差,经常将政府发放的防护口罩搁置不用,增加了污染物的吸收。

执勤的交警在雾气笼罩的车流中指挥着交通。灰霾天气容易导致交通拥堵及事故多发,使他们的工作量更大了。同时,因为空气能见度降低,他们的身影在雾霾中时隐时现，容易被车辆驾驶人员忽视，增加了他们工作的危险性。

事实上，不仅是交警和环卫建筑工人，大多数的户外工作者都在遭受着雾霾的"摧残"。建立户外工作者防护机制，加强户外工作者防护势在必行。

应对篇

当大气污染严重，灰霾天气发生时，一般室外大气中存在大量的对人体健康有害的物质，既有颗粒物，也有气体污染物。对这种特殊天气情况，应该尽量减少出行，减少在室外大气中活动的时间，以尽量减少人体与大气污染物接触的机会。接触污染物的机会少了，人体受灰霾和污染天气危害的可能性也就小了。

世界卫生组织的报告指出，人们每天暴露于交通环境的平均时间约为1~1.5小时，人们在交通环境中对机动车尾气和大气污染物的接触及其带来的健康危害，正在引起各国政府、公众和学者越来越多的关注。在大气污染或灰霾天气严重时，我们应该如何正确选择出行方式，避免不必要的健康危害呢？有几点建议供大家参考。

（一）避开早高峰，错时上下班

上班高峰期，特别是早上不宜出行。由于一方面太阳刚刚升起，积蓄一晚的大气污染物还没有消散，污染程度相对较高；另一方面此时机动车很多，汽车尾气的排放量很大。此时如果出门在外，受到污染或灰霾影响健康的机会相对较大。错时上下班可以减少汽车尾气的集中排放，从而降低污染。政府相关部门应及时采取应对措施，协助方便大家出行，减少接触污染的机会和时间。

根据一项关于北京一天中各时间段交通流量的研究结果报告，凌晨6点开始交通流量急剧上升，8点左右达到上班高峰，中午12点有所下降，但是绝对数量仍然很大。下午15点左右又开始上升，到晚17点左右再次达到下班高峰期，19点以后开始下降，21点左右基本处于比较低的状态（图18）。

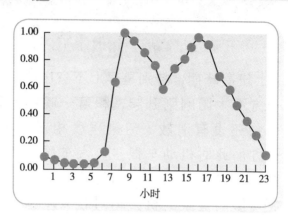

图18 交通流量

（二）多乘公共交通工具，鼓励绿色出行

西方发达国家特别是美国，历史上曾经把发展私人汽车作为城市和社会进步的重要发展方向。但在经历汽车的发展所带来的交通堵塞、尾气污染等难以排解的问题后，近年来重新认定了公共交通的地位。推行公共交通的"公交优先"政策已成为世界认同的交通和城市可持续发展的战略重点之一。其中的原因在于：

1. 采用公共交通出行方式可以减少城市能源的使用

除步行外，城市出行主要由公共交通、自

驾车、出租车、自行车四种方式构成。一般
而言，出租车主要服务于临时性的交通需求，
自行车出行距离受到限制，因此，大城市中
主要的出行方式是公共交通和自驾车。公共
交通由地面公交和地铁组成。在地铁、公共
汽车和自驾车等交通工具中，后者是能源消
耗最大的。据有关资料统计，每百公里人均
能耗，公共汽车是小汽车的8.4%，电车是自
驾车的3.4%，地铁是自驾车的4%。因此，
公共交通是能够提供乘客人均消耗较少的最
佳节能方式（图19）。

图19　公共交通

2. 公共交通出行方式可以节约土地资源

城市道路占用城市土地的较大部分。城市土地资源稀缺，只有高效地利用城市道路，才能减少土地占用，节约土地资源。公共交通，无论是从道路使用还是从停车占地看，都能够最大限度地节约用地。在道路使用方面，在相同的道路基础设施条件下，同一单位时间内，公共交通比自驾车完成的客运量大得多。有关统计数据显示：在一个红绿灯间隔的50秒内，一个路口共通过了37辆小型客车，车内仅坐117人，占用道路长度300米，如果换乘公共交通，一辆公共汽车就可以了。在停车占地上，按交通管理规定，一辆小汽车占地25平方米，一辆大型公共汽车占地40平方米。以一辆小汽车坐3人，一辆大型公共汽车坐80人计算，那么，小汽车人均占地则相当于公共汽车的16.6倍。至于地铁，除车站出入口外，一般不占用地面空间。

3. 公共交通出行方式可以减少空气污染

机动车对环境的污染主要来自于尾气、曲轴箱、轮轴以及刹车磨损产生的颗粒物等。

据有关资料显示，若全球机动车均使用以石油为主的燃料，每消耗1加仑的石油，大约排放8.6kg的一氧化碳。全球机动车排出的一氧化碳占全球石化燃料一氧化碳排放量的14%。公共交通与小汽车相比，高峰时段每小时每人每公里排放的一氧化碳、氮氧化合物、碳氢化合物三种污染物，前者分别是后者的17.1%、6.1%和17.4%。欧洲有关国家的研究表明，交通污染所致的死亡占死亡总数的3%，是交通事故死亡人数的两倍。因此，公共交通出行方式不仅可以使道路畅通，而且可以通过进一步的清洁能源使用，大幅减少汽车尾气，使城市空气更新鲜，居民更健康。反观私人汽车（自驾车），相对于其他的交通方式是最消耗能源、环境污染最大的方式。自驾车排放的污染物多，停车占地面积大，浪费土地资源，且容易造成交通拥堵，加大交通压力。2007年8月17~20日北京市实行汽车单双号行驶，环保部门进行空气质量测试显示，这三日空气质量均为良好。空气质量测试的三日内并没有降雨和大风等可以使空气质量变好的因素出现，因此北京市空气质量的改善，无疑得益于汽车停驶、污染减少。特别是8月17日早上6时约130万辆机动车开始停驶，当日的空气污染指数很快由16日的116变为91（越低说明污染越小），效果非常明显。汽车尾气的污染，特别是私人小汽车的尾气排放污染，对大气污染乃至灰霾的形成有很重要的作用。

（三）骑车

对个人和社会而言，自行车具有其他出行方式所没有的益处，骑车无疑是最健康、经济的出行方式。在城市里骑自行车可以灵活躲避交通拥挤，有时比乘车还快。从社会角度看，骑车有利于环境的可持续发展（如没有直接的污染排放、低碳、噪音低），对基础设施要求低，可提高大众健康等。当然，自行车交通也有其缺点，如较消耗体力、不易携带货物、易受天气影响、在郊区明显比机动车慢、个人身体素质与骑车速度限制其通行距离等。但就大气污染和灰霾天气而言，由于此时大气污染物的浓度较高，而骑车出行时一般人的肺活量会大大增加（一般增加至少2~4倍），所以吸入的大气污染物也会相应明显增加，对健康的危害自然也会增加。所以，在大气污染和灰霾天气时不建议骑车上班，如无法避免，则应该做相应的防护措施，如戴上口罩。

（四）开车

为减少汽车尾气的污染，减少严重灰霾天气的出现，应提倡尽量少开私家车。在必须开车时，从应对灰霾的角度，有几个误区要注意：

【误区1】因为灰霾严重，为避免接触细颗粒物的污染影响，驾车人常常紧闭车窗，关闭空调的室外新风通道。这的确能降低车外污浊空气对车内空气质量的影响，但要注意，这时车内的空气完全是自循环，长时间开车后，车内的氧气会越来越少，乘车人呼出的二氧化碳会越来越多，室内空气质量也会有所下降。由于车窗长时间紧闭，有的乘车人会出现缺氧和二氧化碳轻度中毒的表现，如注意力不集中、困乏、反应灵敏度下降等，首先对交通安全是很大的隐患，同时对乘车人的神经系统也会有伤害。这时应该及时开窗通风，或暂时开到绿化带以及其他空气质量较好的地点附近，呼吸新鲜空气，缓解缺氧症状。

【误区2】紧闭车窗，但空调的新风通道打开。这时灰霾的污染物会从新风通道进入车内，细颗粒物等灰霾污染物同样会对乘车人产生相应的健康危害。

这两种误区都要尽量避免。

驾车人应该根据所购车辆空调滤过功能的相关说明书，或向相关部门咨询，了解车辆的空调性能、滤过功能、滤芯更换的周期，以明确是否能够在灰霾天气环境下对车外空气进行有效滤过，并采取适当的通风方式（如车内自

循环与车外循环交替）；同时，应咨询相关车辆保养部门或厂家，是否有必要在灰霾严重的季节缩短更换滤芯的周期，以保证车辆的通风系统的滤过功能。

延伸阅读

国际无车日和中国公共交通周

源于许多欧洲城市面临的由于汽车造成的空气和噪声污染日益严重的情况，1998年9月22日法国一些年轻人提出"In Town, Without My Car!"（在城市里没有我的车）的口号，希望平日被汽车充斥的城市能获得片刻的清净。

这个主张得到都市居民的热烈支持，成为全国性的运动。时任法国国土整治和环境部长的多米尼克·瓦内夫人倡议开展"今天我在城里不开车"的活动，得到首都巴黎和其他34个城市的响应。当年9月22日，法国35个城市的市民自愿弃用私家车，使这一天成为"市内无汽车日"（图20）。之后每年这一天，有些城镇会限制汽车进入，只允许公共交通、无污染交通工具、自行车和行人进城。让城市得到片刻喘息的运动很快席卷了欧洲大部分国家和地区。一年后即1999年9月22日，66个法国城市和93个意大利城市参加了第一届"无车日"活动。2000年2月，法国首创的无车日倡议被纳入欧盟的环保政策框架内。短短的几个月，欧盟的14个成员国和其他12个欧洲国家决定加入欧洲无车日运动。截至目前，据不完全统计，已有37个国家的近1500个城镇参与其中。现在，越来越多的亚洲和南美洲国家的城市也开始推广这项活动（图21）。

World Car Free Day

世界无车日 9.22

图20　世界无车日

图21　泰国那空沙旺2012年世界无车日宣传活动

刚刚步入"汽车社会"的中国也很快"引进"了无车日活动。2001年，成都成为中国第一个举办无车日活动的城市；2002年，台北也将无车日选在了9月22日。北京、上海、武汉等众多城市也开始开展"无车日"的宣传。

中国城市公共交通周活动在2007年9月16日正式启动。

这项活动在北京、上海、天津等108个城市同时开展。在9月16日至22日活动期间，参加城市大力倡导绿色交通理念，号召市民选择步行、自行车、公共交通等绿色交通方式出行。在9月22日"无车日"的7时至19时，以上城市将划定一个或数个区域，只对行人、自行车、公共汽车、出租车等公共交通开放。

需要强调指出的是，"世界无车日"活动并不是拒绝汽车，而是要唤起民众对环境问题的重视。9月22日这一天，让我们恢复行走和活动的自由，来体味简行生活的快乐。

开展"无车日活动"意义重大，我们不能把无车日活动看成是一天的临时活动，而应通过开展此项活动提升绿色交通的理念，积极倡导市民尽可能选择步行、自行车、公共交通等绿色交通出行方式；同时，促进城市政府采取切实有效的措施，改善城市交通结构，推进城市交通领域的节能减排，改善城市环境，促进社会和谐。而我们每一个城市公民都应该积极响应国家和政府的有关政策，为构建和谐社会贡献自己的力量。

二、口罩的应用

近期我国中东部地区出现较严重灰霾天气，口罩销售再现"非典"时期曾经的辉煌，小小口罩甚至出现断货，不少原本以保暖为主的口罩最近一下子都多了过滤阻挡微小颗粒的功能。市场上的口罩都能阻挡细颗粒物 $PM_{2.5}$ 吗？灰霾天气时我们需要口罩吗？要回答这个问题，首先要知道口罩有几种，各有什么功能。

（一）口罩分类和功能

1. 一般口罩或纱布口罩

这种口罩在普通商店都能买到，其主要材料就是棉纱布（图22）。其阻尘原理是机械式过滤，就是当粉尘冲撞到纱布时，经过一层层的阻隔，将一些大颗粒粉尘阻隔在沙布中。但是，对一些微细粉尘，尤其是小于5微米的粉尘，就会从纱布的网眼中穿过去，进入呼吸系统。

图22 纱布口罩

一般认为这种口罩最主要的作用是保暖，兼具时装美容和装饰的作用。以往，在我国东北等高寒地区冬季使用比较多。棉质材料仅能过滤较大颗粒，仅仅适合平时清洁工作时使用，但其几乎没有防范$PM_{2.5}$的能力。

纱布口罩的结构与人面部的密合性很差，许多对我们危害极大的细小微粒都会通过口罩与面部的缝隙进入呼吸道直至肺部，它的滤料一般多是一些机械织物，这种滤料要达到高的阻尘效率，唯一的方法就是增加厚度，而增加厚度的负面作用就是让使用者感到呼吸阻力很大，产生不适感。

【优点】可重复清洗使用。

【缺点】口罩内面接触口鼻的部分会留有唾液，若没有经常清洗，容易滋生细菌。棉布口罩的纤维一般都很粗，无法有效过滤较小的微粒，且大多未通过国际安全认证，防护效果并无保障。纱布口罩几乎无用，鼻孔两侧的漏气太大。

2. 医用（外科）口罩

这种口罩的中间有一层过滤网，能阻挡90%以上5微米（1/1 000 000）或以上粒径的颗粒。适用于感冒、发烧、咳嗽等有呼吸道症状时，或前往医院、电影院等不通风场所时使用。主要用于阻挡和防护人体内呼出的病原微生物（如细菌等）、较大的生物性颗粒物（气溶胶）在空气中的传播。简言之，这种口罩的功能既是为防护空气污染对佩戴者的健康危害，也是防护佩戴者对外环境空气的不良影响。其主要功能并不是阻挡空气中颗粒物（图23）。

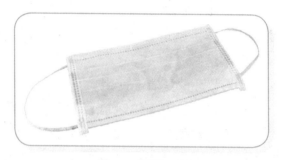

图23　医用口罩

3. 防尘口罩

防尘口罩通常用来阻隔粉尘、颗粒物或废气。一般没有灭菌功能。

活性炭口罩：可吸附有机气体及毒性粉尘，不具杀菌功能，需费力呼吸或无法吸附异味时应立即更换，一般适用于喷漆作业或喷洒农药时的职业防护作用。

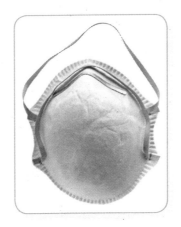

图24　防尘口罩

活性炭主要成分为碳，还含少量氧、氢、硫、氮、氯，活性炭具有微晶结构，微晶排列完全不规则，晶体中有微孔[半径小于20埃（1埃 = 10^{-10} 米）]、过渡孔（半径20～1000埃）、大孔（半径1000～100 000埃），使它具有很大的内表面。这决定了活性炭具有良好的吸附性，可以吸附废水和废气中的金属离子、有害气体、有机污染物、色素和大部分空气颗粒物等。

4. N95口罩

N95口罩可阻挡95％以上次微米（0.3微米以下）颗粒，这种口罩阻挡细颗粒物的效果是比较肯定的。但呼吸时阻力很大，不适于一般民众长时间佩戴，且应避免重复使用。

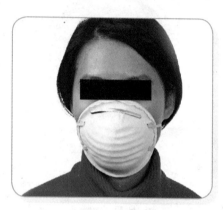

图25　N95口罩

什么是N95

N95 口罩是NIOSH（美国国家职业安全卫生研究所）认证的9种防颗粒物口罩中的一种。"N"的意思是不适合油性的颗粒（炒菜产生的油烟就是油性颗粒物，说话或咳嗽产生的飞沫不是油性的）；"95"指在NIOSH标准规定的检测条件下，过滤效率达到95%。N95不是特定的产品名称。只要符合N95标准，并且通过NIOSH审查的产品就可以称为"N95型口罩"。

（二）口罩的选择

1. 口罩的阻尘效率

应对大气污染，特别是细颗粒物污染，哪种口罩能阻挡住更多的细颗粒物（即阻尘效率）是我们选择口罩时首先应注意的问题。口罩阻尘效率的高低是以其对微细粉尘，尤其对5微米以下的呼吸性粉尘的阻隔效率为一般的国际标准。根据滤网材质的最低过滤效率，可将口罩分为下列三种等级。

- 95等级：表示最低过滤效率≥95%
- 99等级：表示最低过滤效率≥99%
- 100等级：表示最低过滤效率≥99.97%

所以，N95以及滤菌功能更高的N99甚至N100等型口罩，都能有效过滤大气颗粒物或病菌。此外，通过欧盟标准的FFP1、

FFP2 及 FFP3 工业用口罩也都能有效滤除微粒或病菌。

小贴士

欧盟 EN149 标准

FFP1：最低过滤效果 >80%

FFP2：最低过滤效果 >94%

FFP3：最低过滤效果 >97%

---

2. 与人脸形状的密合程度

空气就像水流一样，哪里阻力小就先向哪里流动。当口罩形状与人脸不密合，空气中的污染物一样会从不密合处泄漏进去，进入人的呼吸道。那么，即便你选用滤料再好的口罩，也无法保障您的健康。现在国外许多法规标准规定，工人应定期进行口罩密合性测试。目的是为了保证工人选用合适的口罩，并按正确步骤佩戴口罩。

3. 佩戴舒适要求

对于口罩而言，呼吸阻力要小，重量要轻，佩戴卫生，保养方便。这样使用者才会乐意在工作场所坚持佩戴并提高其工作效率。国外的免保养型口罩,不用清洗或更换部件,当阻尘饱和或口罩破损后即丢弃,这样既保证口罩的卫生,又免去了工人保养口罩的时间和精力。而且许多口罩都采用拱形形状,既能保证与人脸形状的密合良好,又能在口鼻处保留一定的空间,佩戴舒适。

(三)口罩的正确佩戴

【普通医用口罩配戴】首先将有颜色的一面朝外,将铁质压条贴住鼻梁,轻压,使鼻梁压条紧贴面部,然后将绑带绑于脑后(耳挂式将左右两耳扣上)。记住上下拉开口罩的褶皱,使之展开,以发挥更好的防护效果。

【N95型口罩配戴】首先将手放在口罩背面与绑带之间,指向口罩鼻夹,让绑带自然下垂;第二步,将口罩戴在口鼻部位,下面的绑带系在颈后耳际下方,上面的绑带系在脑后耳际上方;第三步,调整口罩鼻夹,使之紧密贴合鼻部与面部,防止空气沿脸颊与口罩之间的缝隙泄漏;第四步,在保证舒适、易于呼吸的前提下，将绑带系紧；最后一步，在离开穿戴区或进入隔离区之前，再检查一遍口罩是否有漏气之处。整个过程见图26所示。

（四）口罩的清洁与更换

口罩的外层往往积聚着很多外界空气中的灰尘、细菌等污物，而里层阻挡着呼出的细菌、唾液，因此，两面不能交替使用，否则会将外层沾染的污物在直接紧贴面部时吸入人体，而成为传染源。口罩在不戴时，应叠好放入清洁的信封内，并将紧贴口鼻的一面向里折好，切忌随便塞进口袋里或是在脖子上挂着。

若口罩被呼出的热气或唾液弄湿，其阻隔病菌的作用就会大大降低。所以，平时最好多备几只口罩，以便替换使用，应每日换洗一次。洗涤时应先用开水烫5分钟。

口罩应该坚持每天清洗和消毒，不论是纱布口罩还是空气过滤面罩都可以用加热的办法进行消毒。具体做法是：

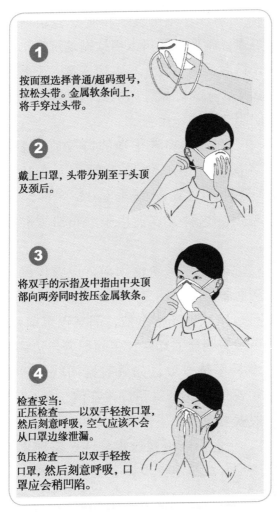

①

按面型选择普通/超码型号，拉松头带。金属软条向上，将手穿过头带。

②

戴上口罩，头带分别至于头顶及颈后。

③

将双手的示指及中指由中央顶部向两旁同时按压金属软条。

④

检查妥当：
正压检查——以双手轻按口罩，然后刻意呼吸，空气应该不会从口罩边缘泄漏。

负压检查——以双手轻按口罩，然后刻意呼吸，口罩应会稍凹陷。

图26 戴口罩的步骤

（1）清洗：先用温水和肥皂轻轻地揉搓纱布口罩，碗形面罩可以用软刷蘸洗涤剂轻轻刷净，然后用清水洗干净。请注意，千万不要用力揉搓，因为如果纱布的经纬间隙过大就失去了防阻飞沫的作用。

（2）消毒：将洗干净的口罩放在2%的过氧乙酸溶液中浸泡30分钟，或在开水里煮20分钟、放在蒸锅里蒸15分钟，然后晾干备用。这种方法适用于纱布口罩和碗形面罩。

（3）检查：再次使用前，应该仔细检查口罩和面罩是否仍然完好，对于纱布口罩和面罩都可以采取透光检查法，即拿到灯前照看，看看有没有明显的光点，中间部分与边缘部分透光率是不是一致，如果有疑问就要更换新的。不论怎样，面罩和口罩在清洗3~7次以后一般就要更新，质量特别好的口罩可以清洗10次。活性炭吸附式口罩要注意定期更换活性炭夹层，如果活性炭夹层是不可更换的，用过7~14天就要更换，这种口罩是不能清洗后再重复使用的。

（五）何时需要更换口罩

口罩在连续或累计使用达8小时后应马上更换。如果一旦发现口罩损坏、脏污、潮湿或感到呼吸不顺畅时，不论时间长短，应立刻更换，并以塑料袋密封丢弃，避免二次感染。下列情况下最好更换口罩：

（1）口罩受污染，如染有血渍或飞沫等异物。

（2）使用者感到呼吸阻力变大。

（3）口罩损毁。

（4）防尘滤棉，在面具与使用者面部密合良好的情况下，当使用者感到呼吸阻力很大时，说明滤棉上已附满了粉尘颗粒，应该换新的了。

（5）防毒滤盒，在面具与使用者面部密合良好的情况下，当使用者闻到有毒物的味道时，就该换新的了。

（六）口罩能长期戴吗

从人的生理结构看，由于人的鼻腔黏膜血液循环非常旺盛，鼻腔里的通道又很曲折，鼻毛构成了一道过滤的"屏障"。当空气吸入鼻孔时，气流在曲折的通道中形成一股漩涡，使吸入鼻腔的气流得到加温。有人测试表明，在将零下7℃的冷空气经鼻腔吸入肺部时，其气流已被加温至28.8℃，这就非常接近于人体的温度。如果长期戴口罩，会使鼻黏膜变得脆弱，失去了鼻腔的原有生理功能，故不能长期戴口罩。口罩只能在特殊的环境中使用，例如在人多、空气不流通的地方。当然，在野外行走，为抵御风沙和寒冷，或在有空气污染的环境中活动，是需要戴上口罩的，但时间不宜过长。此外，在流感流行季节，到可能存在大量病原菌的公共场所，也该戴上口罩。戴口罩只是预防呼吸道传染病的方法之一，最重要的是保持良好的生活习惯。

口罩使用小贴士

1. 口罩只能降低受病毒感染的风险，不能保证绝对安全。

2. 戴好口罩后不要随意调整，也不要摘下来再戴上，以免双手被病菌污染。

3. 口罩不可重复使用，一离开高风

险区，便应以塑料袋密封丢弃并洗净双手。在人多的公共场合使用后，回到家应以塑料袋密封丢弃并洗净双手。

4. 口罩不可与他人共用。

5. 如果口罩大小不合适，不要进入隔离区。

6. 一旦口罩潮湿，须马上更换清洁、干爽的新口罩。

7. 口罩不适用人群　①心脏或呼吸系统有困难的人（如哮喘、肺气肿）。②怀孕的妇女。③佩戴后头晕、呼吸困难和皮肤敏感的人群。

三、养成良好生活习惯

（一）适时通风

开窗可以加快空气流动，使室内积聚的颗

粒物和有害物质及时排出。但需要注意开窗应适时，即在大雾天气升级的情况下尽量不要开窗。在家居环境中，要选择合适的时间开窗通风。如研究显示，在一天当中室外污染最轻的时间段是中午，因此这时开窗通风应该是最佳时间段。开窗透气应尽量避开早晚上下班高峰时段，因此这时灰霾污染和汽车尾气污染可能会叠加在一起，对人体健康造成更大的伤害。开窗通风时可以利用纱窗，即打开玻璃窗并关闭纱窗，还可以在纱窗表面喷洒清水，不让风直接吹进来，又有一定阻挡颗粒物的作用。通风时间每次以半小时至1小时为宜。

（二）饮食

1. 饮食清淡多喝水，多吃蔬菜和水果

灰霾天空气干燥，多饮水，不仅可起到润喉的作用，同时也会加快体内新陈代谢，促进毒物的排出。

多吃新鲜蔬菜和水果，这样不仅可补充各种营养物质，还能起到润肺除燥、祛痰止咳、健脾补肾的作用，例如梨、枇杷、橙子、橘子等清肺化痰食物。少吃刺激性食物，如辣椒等。山药、白萝卜、百合、绿豆、荸荠等都是不错的润肺食物，但食用时要懂得食物的药效。还可喝些清肺、润肺的茶，如罗汉果茶、

菊花茶、桂花茶、枸杞茶、黄芩贝母茶、党参银花茶等。

2. 多吃增强免疫力的食物

免疫力是人体自身的防御机制，是人体识别和消灭外来侵入异物（病毒、细菌等），识别和排除 "异己" 的生理反应。面对恶劣天气和寒冷的气温，增强免疫力很重要，可多食菌类、酸奶、富含维生素C与维生素A的食物等。

（三）勤洗脸及护肤品的使用

灰霾天空气中含有各种酸、碱、盐、胺、酚、尘埃、粉尘、病原微生物等有害物质。人体不仅通过呼吸系统吸入灰霾的污染物，也可以通过裸露在空气中的皮肤表面，吸附污染物质。长时间接触后，其也可能被机体吸收。皮肤表面的油脂会吸附空气中的细小颗粒，其中包括$PM_{2.5}$。回家后，应及时脱掉污染的衣物，清洗脸部和裸露的皮肤，最好洗个澡，将附着在身上的有害物质颗粒冲洗干净，可以防止$PM_{2.5}$在室内的二次污染。遇到灰霾天气时，最好涂抹一些隔离霜之类的护肤品，减少皮肤与颗粒物的直接接触。

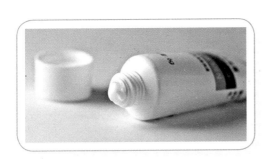

（四）及时收洗干净的衣服

由于洗过的衣服在晾晒的过程中会附着灰尘和粉尘，及时将洗干净的衣服收起来，可以减少衣物上附着的有害物质，避免接触灰霾污染物的机会。

（五）外出防护

遭遇灰霾天气或到一些人口密集的场所，最好戴上口罩。尽量减少在商场、影院、集市等人多场所的停留时间。

◀ 四、锻炼身体和出行

　　生命在于运动，这句老话可谓金玉良言。锻炼身体除了能强健体魄、延缓衰老，还能锻炼意志、发展友谊，好处不胜枚举。可在今年1月12日，北京市教委在其官方微博发布消息（图27），称已启动应急预案，要求我市某些区县教委立即通知所属中小学校，未来3天停止学生户外锻炼身体。

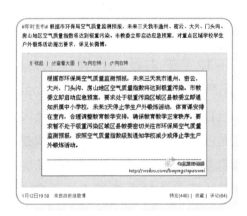

图27　微博

这一预案是北京市教委在看到北京市环保局空气质量监测预报后提出的。如此这般紧急应对，可见他们是被近期频繁看到的灰霾天，频繁听到的空气中颗粒物"爆表"的新闻给吓着了。那么，在灰霾天里，热爱户外活动、已经养成了定时锻炼身体的好习惯的人们是否真的就只能忍痛割爱？退一步说，即使我们可以暂时不出门锻炼，但却绝对没法永远不出门。所以，在时间上，我们必须同霾打个游击战。

上面我们已经讲到，北京市一天内交通流量的研究向我们揭示，从每天早上6点开始，交通流量一路飙升，到晚上7点以后才开始下降。中午12点左右是白天的一个交通低谷。而汽车尾气的排放是大气中细颗粒物的最主要来源。所以，中午12点左右是白天大气里的细颗粒物浓度相对最低的时候，如果想要外出锻炼或是办事的话，午休的时间段最合适不过。对于忙于工作的中青年人，没有办法在中午锻炼，也可以选择比较晚一点的时候，比如晚上10点以后再外出锻炼。需要特别注意的是，晨练一直是许多老年人钟爱的活动之一。

我们可以看到，从6点开始，汽车纷纷出动，大气可能迅速变得不那么干净，所以提醒老年朋友们，若是想要遵循"一日之计在于晨"，最好是在6点以前就完成晨练。若是无法这么早出门，最好还是将锻炼时间改到中午12点左右。

除了把握时间，找到一块锻炼的宝地也很重要。随着逐渐远离交通主干道，大气中的细颗粒物渐渐减少，因此，我们要尽量远离车流密集的大马路，远离汽车尾气，选择如临街楼房后面僻静的街道或公园进行锻炼。退而求其次，我们也可以在室内锻炼。但是，有两个关键应铭记于心：一是要选择密闭的房间，尽量

同室外的灰霾隔离；二是不能有人在房间里吸烟或炒菜做饭，制造室内颗粒物。

灰霾天时即使锻炼，也最好做一些舒缓的伸展性运动，不应剧烈运动。灰霾天时大气污染比平时严重，而剧烈的运动导致呼吸频率和深度都增加，我们会吸进更多的空气，两者相加，我们最终会好似一台台吸尘器，饱吸了大气中的有害颗粒物。对于活泼好动的小孩子来说，这一点尤为关键。

五、室内PM$_{2.5}$如何应对

　　面对灰霾天气，不少市民多采用紧闭门窗、使用空气净化器、种植绿色植物等措施，使自己能远离灰霾。但这些措施是否真的有效，能在多大程度上改善室内空气状况？室内吸烟是否对室内PM$_{2.5}$有很大影响？面对市场上种类繁多的空气净化器，如何根据自己的居住环境和需求选择合适的净化器，在使用过程中有哪些注意事项？在室内还有哪些减少室内PM$_{2.5}$浓度的有效措施呢？

　　室内与室外大气情况不同，墙体、门窗会对室外的部分粉尘和颗粒物有一定的屏蔽效应（图28）。这是否意味着室内就安全了呢？实则不然，因为室内烟草烟雾、烹饪、家庭装修等都会明显升高室内PM$_{2.5}$浓度。尤其是对于现代人来说，平均有90%的时间在室内生活和工作，其中65%的时间在家。因此如何减少室内PM$_{2.5}$浓度是值得引起大家关注的。室内PM$_{2.5}$浓度是完全可以通过改善个人生活习

惯来改变的。要提高室内空气质量，首先确保室内勿抽烟；合理使用空气净化器；平常多开门窗通风（但阴霾天减少开窗）；烹饪少煎炸，开油烟机。

图28　室内

（一）室内勿吸烟

对于室内空气来说，烟草烟雾是 $PM_{2.5}$ 主要来源之一。科学研究证明，使用通风、空气过滤等装置，或在室内设置任何形式的吸烟区，都不能有效防止烟草烟雾的危害。

香烟、雪茄和烟斗在不完全燃烧的情况

下会产生大量的$PM_{2.5}$（图29）。烟草烟雾含有7000多种化合物，其中包括69种一类致癌物质和172种有害物质，是室内空气污染的重要源头，还可致肺癌、心脏病、支气管炎和哮喘。研究表明，在吸烟室内，来源于"二手烟"中的颗粒物约占室内$PM_{2.5}$总量的90%。烟尘颗粒的粒径几乎都等于或小于2.5微米，所以一口香烟吸进去的颗粒，近100%都属$PM_{2.5}$，吐出的烟圈亦如此。尤其是对老年

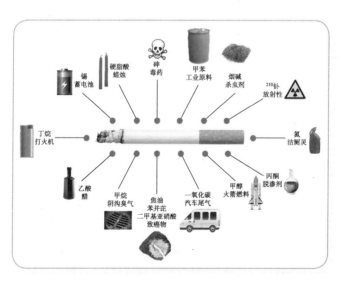

图29　烟的毒物化学

人、孕妇和儿童来说，二手烟暴露危害更大。专家通过监测发现，房间里只要能闻到烟味，$PM_{2.5}$就已至少超标一倍，而且烟草烟雾还会带来"三手烟"问题。吸烟产生的颗粒物会残留在衣服、墙壁、地毯、家具甚至头发和皮肤上，被带到室内外，稍微活动或空气流通，这些颗粒物便会升腾回到空气中，直至被人吸入肺里。

鉴于以上烟草烟雾产生的颗粒物是室内$PM_{2.5}$的主要来源，室内减少或禁烟可从根源上有效降低室内$PM_{2.5}$水平。而且能有效减少妇女和儿童二手烟暴露的危害。

（二）合理选择并使用空气净化器

面对灰霾天气，人们争相抢购各种空气净化设备，空气净化器逐渐走俏。与此同时应该理性选择和恰当使用空气净化器，不要盲目相信商家的广告和宣传。在选购空气净化器时，如何根据自己需要选择合适的空气净化器，在使用过程中应注意哪些事项，是应该引起大家注意的。

【空气净化器的选择】

首先，要根据自身需要。孕妇、儿童、老人、办公室一族、患有呼吸道疾病患者，自身免疫力比较低，对于室内空气污染极为敏感。对于某些场所，例如刚装修好的房子和某些空气流通不畅的较封闭环境，可以选择使用空气净化器来净化空气。

其次，根据空气净化器的原理，选择合适的净化器。空气净化器根据其净化原理，分为物理式、静电式、化学式、负离子式和复合式。目前市场上几种品牌的传统空气净化器采用的净化技术普遍是被动吸附式过滤的净化方式。滤网模式的传统净化方法是不

107

能完全达到合格安全的净化效果的。可以同时使用多种净化方式的空气净化器，其净化效果会更佳。

最后，根据室内空间容积、净化需要进行合理选择，明确其净化效果。洁净空气量＝2.3×房间容积/时间。例如，一台洁净空气量为100的空气净化器，要在1小时内净化90%的可吸入颗粒物，它只能在40立方米容积的房间内使用。假设房间高度是3米，使用面积就是13平方米。目前很多产品直接标明了覆盖面积，只要选择符合家中房间面积的产品即可。此外，尽量选用知名品牌，最起码质量能够得到保障。

【空气净化器的使用注意事项】

（1）要定期清洗和保养空气净化器：一般需要保养的部件是滤网和离子发生器，一般3个月左右可以用吸尘器或者吹风机清洁前置滤网，但也要根据各自室内空气污染的状况调整；也可以定期到太阳下晒一晒活性炭过滤网，除臭滤网有的甚至可以水洗；离子发生器一般是内置的，需要定期检查。

（2）在大气污染严重或室内污染的情况下使用空气净化器，最好关闭门窗，可以保证更好的净化效果。如果大气空气质量很好，就没有必要长时间开启空气净化器，应以通风为最先选择。夏季和冬季可以联合使用净化器和加湿器，效果更好。

（3）适时通风：开窗可以加快空气流动，使有害物质及时排出。但需要注意适时开窗，即在大雾天气升级的情况下尽量不要开窗。在家居环境中，要选择合适的时间开窗通风，如中午室外污染有所缓解时。确实需要开窗透气时，应尽量避开早晚灰霾高峰时段，可以将窗户打开一条缝，不让风直接吹进来，通风时间每次以半小时至1小时为宜。

（三）烹饪少煎炸，开油烟机

煎、炒等传统的烹饪方法易产生大量油烟，污染室内空气，建议在家做饭多用蒸、煮等方式。烹饪时建议开油烟机，使产生的有害物质及时排放出去。

（四）绿色植物

多数人认为绿色植物对消除室内空气污染很有效。实则不然，由于绿色植物主要靠叶面的气孔吸收有害物质，绿色植物的叶面面积有限，因此绿色植物在净化空气方面作用十分有限。但是，室内种植些绿色植物对改善室内空气还是有益的。在选择绿色植物时多以宽叶面的绿色植物为佳，并且经常向叶面上喷水，洗去叶面上的灰尘。

六、重点关注人群的防护

应对灰霾天气，除了之前提到的适用于普通人群的防护措施外，对于重点关注人群还需要特殊注意一些事项。在这里根据年龄、职业性质、特殊生理状态的不同，分别就老年人、儿童、室外作业人员（如交警、建筑工人）、孕妇、有慢性疾病人群详细介绍防护措施。

（一）老年人的防护

老人在室内时间较多，要格外注意清洁卫

生，习惯用笤帚扫地的老人不妨改用吸尘器，地毯、抹布、沙发套等应及时清洗；煎、炒等传统的烹饪方法易产生大量油烟，污染室内空气，建议在家做饭多用蒸、煮等方式。

老年人可用吸氧机改善健康状况，空气中污染物增多会导致含氧量下降，单次呼吸的氧气将会减少，机体始终处于低氧环境下，不利于健康。因此高龄人群和体弱多病者是呼吸系统和心血管系统疾病的易感人群，在污浊空气到来时，他们往往最先受损，建议这类人群可以在平时根据自身需要使用吸氧机来改善自身的健康状况。平时有晨练习惯的人，最好在雾霾天将室外的晨练转移至室内。同时，饮食要尽量清淡，少吃刺激性食物，多喝水。

（二）儿童的防护

儿童身体发育不完全，灰霾天气灰尘、颗粒会通过孩子们的呼吸道直接侵害其健康，容易引起呼吸道疾病如感冒、咳嗽、鼻炎、支气管炎、哮喘等发生。对儿童的防护从以下几个方面进行。

首先，通过学校的宣传和知识普及，

让儿童对灰霾天气以及对健康的影响有直接和感官认识。学校可以通过形象的视频、生动的图片以及浅显易懂的语言来给孩子们上"灰霾防护"的教育课。

其次，提高家长自身对孩子的防护意识。例如，可以随时关注天气状况及未来天气变化，以便在接送孩子上下学时给孩子做好防护措施。在这里，还要特别注意，灰霾较大时，尽量避免由老年人来接送孩子上下学，因为老年人的心血管和呼吸系统都很脆弱，若在灰霾严重时出行，健康风险较大。

再次，减少室外活动。灰霾严重时，尽量减少儿童在室外的活动时间，改为室内活动，从而减少灰霾对儿童的影响，减少吸入空气中的颗粒物。

此外，在平时的生活中，毛绒玩具表面的灰尘、细菌较多，尽量少给孩子玩或常清洗；让孩子的活动远离污染严重的交通干道；临街住的，避免在交通高峰期开窗通风。在冬春季传染性疾病例如流感等高发季节，可以提前给儿童注射疫苗。

（三）室外作业人员的防护

灰霾天气持续发生会让不少人在室外感到不舒服，但一般来说我们在室外的时间较少，多数时间待在室内。但对于需要长时间在室外工作的作业人员例如建筑工人、环卫工人、交警等，他们暴露在灰霾的时间更长，接触量更大。因此，强调和关注室外作业人员对灰霾天气的防护是十分必要的：

（1）佩戴防护工具，例如防尘口罩。参照前面提到的口罩的选择原则、佩戴方法及清洗事项。

（2）回家后，脱掉污染的衣物，清洗脸部、头发和裸露的皮肤，最好洗个澡，将附着在身上的有害物质颗粒冲洗干净。

（3）增加换班次数来减少室外暴露时间。

（四）孕妇的防护

【注意休息】孕妇要适当休息，避免过度劳累，保证充足的睡眠，减少心理压力。同时，孕妇也不能一味休息，仍应适当活动，保持乐观的情绪。

【营养搭配合理】

（1）多吃含锌食物。缺锌时，呼吸道防御功能下降，孕妇需要比平时摄入更多的含锌

食物，如海产品、瘦肉、花生米、葵花子和豆类等食品都富含锌。

（2）补充维生素C。维生素C是体内有害物质过氧化物的清除剂，还具有提高呼吸道纤毛运动和防御功能。建议多吃富含维生素C

的食物或维生素 C 片剂，如番茄、柑橘、猕猴桃、西瓜等。

【提高室内空气的相对湿度】尤其是冬季，室内要注意保湿。多喝水对于预防呼吸道黏膜受损、感冒和咽炎有很好的效果，每天最好保证喝 600 ～ 800 毫升水。在地面洒水或放一盆水在室内，使用空气加湿器或负氧离子发生器等，以增加空气中的水分含量。

（五）慢性疾病人群的防护

灰霾，对于患有哮喘、慢性支气管炎、慢性阻塞性肺病等呼吸系统疾病的人群会引起气短、胸闷、喘憋等不适，可能造成肺部感染，或出现急性加重反应。糖尿病患者因自身抵抗力较弱，更易患感冒。PM$_{2.5}$对心、脑血管疾病等慢性病患者有较大的破坏力，会增加心脏病患者的心脏负担，诱发脑梗死等。

灰霾天最好减少外出，外出时建议佩戴防护效果相对较好的口罩。但是，不是人人都适合戴口罩。

呼吸道疾病患者特别是呼吸困难的人，戴上口罩后反而人为地制造了呼吸障碍；心脏病、肺气肿、哮喘患者不适合长时间戴口罩。有慢性病的患者，建议避免在清晨雾气正浓时出门购物、参加各种户外活动，要多饮水，注意休息。若身体出现不适，要尽快前往医院就医。由于大雾天气压较低，高血压和冠心病患者不要剧烈运动，避免诱发心绞痛、心衰。

七、如何获取每日空气质量的信息？

目前国家环境保护部的网站上已经建立"全国城市空气质量实时发布平台"（网址：

http：//113.108.142.147：20035/emcpublish/）。
该网站上每天实时发布全国主要城市的空气质
量信息（图30），包括SO_2、NO_2、CO、O_3、
PM_{10}和$PM_{2.5}$等污染物每小时浓度监测值和
空气质量指数（AQI）。

图30 全国城市空气质量实时发布平台

该网站还发布"重点城市空气质量日
报"（http：//datacenter.mep.gov.cn/），可
以看到每天全国环保重点城市的空气质量状
况。图31中可以看到全国各重点城市空气

质量优劣的前十名排名和各城市的空气质量
分级。

图31　重点城市空气质量日报

　　这些信息都是由国家环保部、全国环境监
测总站统一设点进行监测的数据。同时，全国
很多城市还有自己城市的监测站点发布空气质
量实时监测的数据。这些数据都是国家相关部
门根据国家环境质量监测的标准方法和原则布

点采样，由国家统一培训具有正式环境监测操作资格的专业技术人员采样实时监测获得的、正式发布的具有权威性的环境质量监测数据，是公众获取环境空气质量信息的唯一正规渠道和正式途径。其他途径的空气质量监测数据都是非正式的，不能代表我国城市空气质量的正式数据和真实状况。

写在最后——美丽中国，从健康呼吸开始

　　一年一度的两会开始了，全国甚至全世界的目光都聚向了北京。记者们的稿子里再没有了碧空万里、蓝天白云等词汇，虽然近几天雾霾的严重程度尚不及1月份，但是却着实给了外地的代表委员们一个"下马威"。会场内外，公众、政府、学者和代表委员们都在关心：什么时候我们能有蔚蓝的天空、清新的空气？

　　美丽中国，从健康呼吸开始　　$PM_{2.5}$指数一上涨，心血管病的患病率和死亡率就增加，公众的心就提到嗓子眼！2004～2006年期间，当北京大学校园观测点的$PM_{2.5}$日均浓度增加，大气出现严重污染时，在附近的北京大学第三医院，心血管病急诊患者数量会显著增加，全北京市每天的超额死亡率也会有所增加。每当灰霾天气降临，其对健康的影

响都会引起公众和媒体异乎寻常的关注。同时，公众也都会产生一分质疑？没有健康的呼吸，还是美丽中国吗？美丽中国，还有健康的呼吸吗？

小贴士

什么是超额死亡率

超额死亡率是说明某因素作用的死亡率计算方法。如果不计算事故、天灾以及战争造成的人口减少，人类的新生和死亡数量会保持一定的节律，但是由于某种因素影响，这种节律就会被打乱，使死亡人数增加。如吸烟人群的死亡率减去不吸烟人群的死亡率，其差则说明吸烟造成的影响，为超额死亡率。

美丽中国，从健康呼吸开始 人人都是"吸毒者"，人人也都是"制毒者"。我国中东部现雾霾天气，多地细颗粒物PM$_{2.5}$指数"爆表"，"天气如此糟糕，引无数美女戴口罩"，

"宅"成了首选。咱们先别急着互相指责，灰霾天、PM$_{2.5}$，这个事儿，每个人都有责，每个人都不无辜，当我们戴着口罩探寻在这雾霾压城的时候，究竟哪里可以痛快呼吸时，也该想想自己能为结束这种倒霉的天气做点什么……

科学研究表明，多数大气污染物来源于人类对化石燃料的使用。工业社会的发展史，就是一部血淋淋的污染史，我们所使用的每一个工业产品在其生产、销售、使用、回收、销毁的过程中，都在对环境进行着直接的或者间接的污染。在这个问题上，每一个现代人都无法独善其身。

可以说，现代工业催生了PM$_{2.5}$，特别是化工工业、汽车工业等。有分析表明，50%～70%的PM$_{2.5}$可能来源于机动车尾气。汽油、柴油在汽车发动机内剧烈地燃烧时，排出的气体成分复杂、颗粒细小。当我们在开小汽车、坐公交车、吹空调甚至吃饭时，可能都在制造着PM$_{2.5}$，同时又将PM$_{2.5}$吸进身体内。从这个角度而言，每个人既是PM$_{2.5}$的受害者，也是PM$_{2.5}$的制造者。我们每个人都应该主动绿色出行,为减少大气污染,减少灰霾的发生贡献自己的力量。美丽中国,健康呼吸,您能为之做点什么?

美丽中国,从健康呼吸开始 近年来,大气细颗粒物污染、灰霾天气在全国多个城市连续发生。政府相关部门如何能尽快控制和治理细颗粒物及灰霾天气的影响和健康危害,已经引起国内外媒体、公众和政府的密切关注。对此,北京市已经公布了治理$PM_{2.5}$的时间表:到2015年,空气中PM_{10}和$PM_{2.5}$浓度比2010年下降15%,$PM_{2.5}$浓度降至每立方米60微克;到2030年,$PM_{2.5}$浓度下降到世界卫生组织为发展中国家设置的最低标准,每平方米35微克。这比十八大提出"到2020年全面建成小康社会"还晚十年。"小康"之后再等10年?治理$PM_{2.5}$的确需要时间、技术,需要公民素质的整体提高,需要从根源上采取措施,绝不是一朝一夕能解决的。健康呼吸,需要时间和每个公民的承担!

美丽中国,从健康呼吸开始 中国并不是第一个遭遇污染问题的国家，历史上，英国、日本等很多发达国家，都曾经遭遇过严重的环境问题。与这些国家相比，中国面临的局面要更加复杂。在治理大气污染的历史上，日本政府的主要治理方法，是发展公共交通和地铁。在日本，人们上下班大多坚持地铁出行，只有在周末休闲的时候才会开车，这就大大减少了汽车尾气的排放量。而在中国，汽车不仅使用率很高，尾气污染也比其他国家更加严重。其中，有燃油品质、发动机和尾气处理技术的问题，也有加油站等相关产业的管理问题。当今中国的主要燃料包括煤、石油、天然气甚至木柴和秸秆，这些复杂的原料带来了更为复杂的污染物，给大气治理提出了很大的挑战。同时，中国庞大的人口和快速城市化的进程也给污染治理带来了更多困难。我国之所以迟迟未把 $PM_{2.5}$ 纳入强制性监测指标，一个重要的原因是：在我国尚未完成产业结构升级的情况下，部分城市目前 $PM_{2.5}$ 的浓度可能是西方国家的几倍甚至十几倍。即使制定了标准，要实质性控制仍面临很大的难度。中国和其他国家治理 $PM_{2.5}$ 最大的差距，其实是经济发展历史的差距。我们必须清醒地认识到，长远看，产业和能源结构调整势在必行，机动车污染的治理是问题之"最根本"。健康呼吸，呼唤国家和政府的大手笔、大投入、大动作！

纵观现实，我们要面对的环境问题又何止是细颗粒物，可吸入颗粒物PM_{10}就没人管了？沙尘暴就忘记了？水污染就没关系了？别忘了，人类对物质的无限贪婪和不择手段才是根本。不能放下不知足的心，污染就不可能降低到最小的程度乃至消失。

总而言之，面对灰霾和细颗粒物的污染，气象因素也许我们无法控制，燃煤排放等因素目前相关部门正在采取措施逐渐控制。而我们普通人能做什么？不就是少烧煤、少开车、少修建吗？不就是倡导低碳生活、绿色出行、绿色消费等生活方式吗？这些需要我们每个人的参与和努力，需要我们每个人都放弃一点对于"舒适"的追求和渴望，难么？真不难。不难么？请您看看窗外吧。